歷代家訓經典（五）

〔明〕徐皇后 撰
〔明〕温璜 編
〔清〕康熙 撰

萬卷出版有限責任公司
VOLUMES PUBLISHING COMPANY

詳校官編修臣吳錫麒

臣紀昀覆勘

欽定四庫全書　子部一

內訓　儒家類

提要

臣等謹案內訓一卷明仁孝文皇后撰成祖以簒逆取國滛刑肆暴無善可稱后乃特以賢著是書凡二十篇前有永樂三年正月望日自序內有肅事今皇上三十餘年之語考明史后妃傳后以洪武九年冊為燕王妃至

永樂三年正月則甫及三十年云三十餘年或甚言其久耳又考本傳載后此書頒行天下在永樂五年之前而明朝典彙載五年十一月以仁孝皇后内訓賜羣臣俾教于家若五年前已頒行天下不應至五年之末始賜羣臣又考何喬遠坤則記載后初為此書不過示皇太子諸王而已至永樂五年七月以後成祖乃出后内訓勸善二書頒賜臣民與

典彙相合此本為明初刊板首標大明仁孝皇后考后于永樂五年七月乙卯崩甲午謚曰仁孝則此本刊于五年七月以後無疑至十一月特賜臣民正屬刊行之始明史本傳殆未及檢耳各章之下繫以小注往往頌揚本書當為儒臣所加明藝文志及典彙惜俱不著其名又藝文志載内訓一卷高皇后撰勸善書一卷文皇后撰不知二書之出于一

人亦志之誤也乾隆四十九年三月恭校上

總纂官臣紀昀臣陸錫熊臣孫士毅

總校官臣陸費墀

内訓原序

吾幼承父母之教誦詩書之典職謹女事蒙先人積善餘慶夙被妃庭之選事我孝慈高皇后朝夕侍朝高皇后教諸子婦禮法唯謹吾恭奉儀範日聆教言祗敬佩服不敢有違肅事今皇上三十餘年一遵先志以行政教吾思備位中宮愧德弗似歉於率下無以佐皇上内治之美以恭高皇后之訓常觀史傳求古賢婦貞女雖稱德性之懿亦未有不由於教而成者然古者教必有

方男子八歲而入小學女子十年而聽姆教小學之書無傳晦菴朱子爰編緝成書為小學之教者始有所入獨女教未有全書世惟取范氏後漢書曹大家女戒為訓恒病其略有所謂女憲女則皆徒有其名耳近世始有女教之書盛行大要撮曲禮內則之言與周南召南詩之小序及傳記而為之者仰惟我高皇后教訓之言卓越往昔足以垂法萬世吾耳熟而心藏之乃於永樂二年冬用述高皇后之教以廣之為內訓二十篇以教

宮壼夫人之所以克聖者莫嚴於養其德性以脩其身故首之以德性而次之以脩身而脩身莫切於謹言行故次之以慎言謹行推而至於勤勵警戒而又次之以以節儉人之所以獲久長之慶者莫加於積善所以無過者莫加於遷善又次之以積善遷善之數者皆身之要而所以取法者則必守我高皇后之教也故繼之以崇聖訓遠而取法於古故次之以景賢範上而至於事父母事君事舅姑奉祭祀又推而至於母儀睦親慈幼逮

下而終之於待外戚顧以言辭淺陋不足以發揚深旨而其條目亦粗備矣觀者於此不必泥於言而但取于意其於治内之道或有裨於萬一云永樂三年正月望日序

内訓

明　仁孝皇后徐氏　撰

德性章第一

貞靜幽閒端莊誠一女子之德性也孝敬仁明慈和柔順德性備矣夫德性原於所禀而化成於習匪由外至實本於身貞靜者正固而不妄動也幽閒者幽深閒雅之謂端莊者齊肅正直之謂誠一者真實無妄之謂善事父母為孝主一無適為敬仁者心之德愛之理明謂聰明慈者無不愛和者無所乖柔順者坤之

德也言是數者女子之德性也必全是數者而後德性備夫德性者天之所命而成於所禀無有不善而氣習變化始有善惡之異然非由外爍我者也實本於吾之身而已　爍商入聲

古之貞女理性情治心術崇道德故能配君子以成其教言古之貞女理其性情治其心術崇其道德以成教於內也

是故仁以居之義以行之智以燭之信以守之禮以體之匪禮勿履匪義勿由動必由道言必由信匪言而言則厲階成焉匪禮而動則邪僻形焉閫以限言玉以節動禮以制心道以制欲養其德性所以飭身可不慎歟閫音域　此理性情治心術崇道德之事也燭照也體以身體之也履踐

也勿者禁止之辭道則日用事物當行之理厲禍階梯也閫門限也言居仁由義智以照私言不失實身體乎禮以全五常之德非禮勿踐非義勿由舉動必循乎道發言必本於信非禮之言而言之則禍亂之階梯成焉非禮之事而踐之則已之邪僻見焉古者言不踰閫是閫以限言也行則鳴佩玉是玉以節動也禮以裁其心道以勝其欲如此則可以養其德性以修飭其身不可不謹以致丁寧告戒之意

無損於性者乃可以養德無累於德者乃可以成性積過由小害德為大故大廈傾頹基址弗固也已身不飭德性有虧也

七情之過皆足以損性惟存於中者澹然而無所汩則其德日新矣一事之微皆可以累德惟在於己者至公而無私則其性渾然矣夫人之積過雖是小而其害德則甚大猶大廈傾危其基址有不堅固身不修飭其德

性有所虧損美璞無瑕可為至寶貞女純德可配京室撿身制度足為母儀勤儉不妬足法閨闈璞音朴瑕音遐璞未琢之玉也瑕玼也配匹也京室京師之室詩所謂京室之婦是也言美玉無有瑕玼則可以為至寶貞女秉純粹之德則可以為京室之匹能以法度檢束其身則可以表儀於下能勤儉而不妬忌則可以示法於中玼音慈若夫驕盈嫉忌肆意適情以病其德性斯亦無所取矣古語云處身造宅黼身建德詩云俾爾彌爾性純嘏爾常矣嘏音假驕矜盈滿害賢曰嫉憎惡曰忌四者女之醜德而又加之以恣肆其心意使適於情欲是則所以害其德性也何足取哉古語先民之言也黼繡斧於裳也建立也黼身建德猶揚雄所謂斧藻其德也詩大

雅卷阿之篇彌終也性猶命也嘏福也引詩以言有是德性則可以常享福祿也

修身章第二

或曰太任目不視惡色耳不聽淫聲口不出傲言若是者修身之道乎曰然古之道也夫目視惡色則中眩焉耳聽淫聲則内𧙖焉口出傲言則驕心侈焉是皆身之害也

眩音縣𧙖音弛侈音恥　或人問文王母太任之事為修身之道故然其言也蓋非特太任也古者婦人姙子寢不側坐不邊立不蹕不食邪味割不正不食席不正不坐目不視邪色耳不聽淫聲夜則令瞽誦詩道正事如此則生子形容端正才過人矣淫聲非禮之聲傲言非禮之言眩者目無常主也𧙖奪也侈泰也

夫淫聲惡色皆足以惑人有觸于外必動其中故必以是為戒夫言者心之發也矜慢在心故其發於言也傲言之傲則其驕心侈泰可知身之不修此為害矣　蹕音必

故婦人居必以正所以防慝也行必無陂所以成德也慝音忒陂音祕慝穢也邪也隱惡也陂傾也

此承上文而言婦人所居必以正所以防慝邪慝行無傾邪所以成其德行者也

是故五綵盛服不足以為身華貞順率道乃可以進婦德不修其身以爽厥德斯為邪矣諺有之曰治穢養苗無使莠驕剗荆剪棘無使塗塞是以修身所以成其德者也莠音酉剗音鏟

華光華也率循也爽差也諺俗語也穢蕪也一曰田中雜草也一曰汙也莠害苗草也驕盛貌剗削也棘木

叢生多刺塗路也以五綵繪繡而為衣服非不盛也以人視之則可以為光華此特飾其外者耳必也秉貞順之操以循乎道然後可以進婦德婦德進而後可以光華於身則修身之效著矣夫惟飾其外而於其內者有所差爽則不得其正矣故引諺語以明之以言乎必在於修身乃可以成其德也

夫身不修則德不立德不立而能成化於家者蓋寡焉而況於天下乎

天下之本在國國之本在家家之本在身身不修則已之德有所不立不能成教化於一家而況助君子以成教化於天下乎言必不能也

是故婦人者從人者也夫婦之道剛柔之義也昔者明王之所以謹婚姻之始者重似續之道也家之隆替國之廢興於斯係焉於乎閨門之內修

身之教其勗慎之哉朁音沸勗音旭似嗣也續相連也隆豊大也朁滅也勗勉也婦有三從之道在家從父適人從夫夫死從子故曰婦人從人者也剛柔者陰陽之義也天地合而後萬物興陰陽和而後雨澤降夫婦和而後家道成故曰剛柔之義也夫昏禮萬世之始上以事宗廟下以繼後世關於家國者匪輕故君子重之然則處於閨門之內者其可不加勉於修身之教哉

慎言章第三

婦教有四言居其一心應萬事匪言曷宣言而中節可以免悔發不當理禍必隨之諺曰誾誾謇謇匪石可轉訿訿譔譔烈火燎原又曰口如扃言有恒口如注言無

據甚矣言之不可不慎也中去聲當去聲誾音銀謇肩上聲訿音紫譞音暄燎音料四教者古者婦人先嫁三月教以婦德婦言婦容婦功也曷何宣通悔恨也誾誾和悅而諍也謇謇直言貌訿訿謗毀也譞譞多言也烈火猛也燎放火也高平曰原扃關也恒常也注灌也據依也此甚戒婦言之不可不謹也先去聲況婦人德性幽閒言非所尚多言多失不如寡言故書斥牝鷄之晨詩有厲階之刺禮嚴出梱之戒善於自持者必於此而加慎焉庶乎其可也斥音尺牝貧上聲刺音次梱坤上聲寡少斥指斥也牝牝母梱門限也庶近也言婦人不尚多言多言則必致多失不如言之少也書牧誓曰牝雞之晨惟家之索詩瞻卬篇曰婦有長舌維厲之階禮記曲禮曰外言不入于梱內言不出於梱是皆多言之戒也婦人

善持其身者苟能視此以為警焉則庶幾可以無多言之失也卬音仰然則慎之有道乎曰有學南宮縚可也縚音叨　南宮縚孔子弟子南容也居南宮又名适字子容大雅抑之詩曰白圭之玷尚可磨也斯言之玷不可為也南容一日三復此言蓋深能謹於言也此承上文言慎言有道乎故曰有當學南容之謹言可也夫緘口內修重諾無尤寧其心定其志和其氣守之以仁厚持之以莊敬質之以信義一語一默從容中道以合乎坤靜之體則讒慝不作家道雍穆矣緘音監諾曩入聲讒音饞　緘封諾應尤過也寧安也讒譖也言緘口以修其德於內雖一諾不敢以輕則可以無過夫心寧則言不躁志定則言不剽氣和則言不暴仁厚則言溫純莊敬則言恪重信義則言惇實一語默之間從

容不迫啗合乎坤靜之體則讒邪之言無自而興則家道極其和矣　剽飄去聲啗文上聲故女不矜色其行在德無鹽雖陋言用於齊而國安孔子曰有德者必有言有言者不必有德矜驕矜也無鹽齊之醜女以言諷宣王宣王用其言傳漸臺罷女樂退諂諛去雕琢闢公門招直言延側陋立無鹽為后齊國大安事見新序此所謂女不矜色而所行惟在於德也故引孔子之言以美之以見和順積中英華發外則徒能言者未必有德也　漸平聲

謹行章第四

甚哉婦人之行不可以不謹也自是者其行專自矜者其行危自欺者其行矯以汙行專則剛常廢行危則嫉

戾興行矯以汙則人道絕有一于此鮮克終也甚哉者嗟歎之深也專專制也危隮也自欺云者知其行之當謹而不能謹也矯詐汙蔑也綱謂三綱君為臣綱父為子綱夫為妻綱常謂五常仁義禮智信也嫉戾惡很也人道絕則綱常蕩滅矣克能也是數者婦人之行所當謹者也然或有一於此則其能有終者少也故篇首深至嗟歎之辭其所以警發者至矣蔑穢同隮顛同夫干霄之木本之深也凌雲之臺基之厚也婦有令譽行之純也本深在乎栽培基厚在乎積累行純在乎自力不為純行則戚疏離焉長幼紊焉貴賤殽焉是故欲成其大當謹其微縱於毫末本大不伐昧於冥冥神鑒孔明

百行一虧終累全德紊音問霄雲霄也本根也淩越也令譽善稱也純不雜也培壅也基址也積累者聚積而增累之也力猶力稽之力用力勉強之義戚親也疏遠也紊亂也敍雜錯也大者德行是也微者一舉動之微也伐斬代也昧晦冥冥幽暗也鑒照孔甚也虧缺也全德即純行也以木與臺之高大必本於栽培積累之所致以喻乎女子之行亦必在於真積力久而後純夫不能自立以喪其行則親疏之屬相去而不附長幼之序紊亂而無別貴賤之等敍雜而無紀欲成其大者則於甚細微之事尤當致謹然或忽於毫末之微而不加謹則終大而莫伐猶傳所謂毫末不扎將尋斧柯是也蓋冥冥之中有昭昭者存苟謂幽暗之處而無所見則神之鑒照甚明豈可忽哉然或百行之中有一虧焉則終有累於全德也稽音色

體柔順率貞潔服三從之訓謹內外之別勉之敬之終始

惟一由是可以修家政可以和上下可以睦姻戚而動無不協矣易曰恒其德貞婦人吉此之謂也協音叶三從說見前篇協和也自體柔順至終始惟一此皆謹行之本也下極言其效故引易恒卦之言以結之夫以順從為恒者婦人之道在婦人則為貞故吉也

勤勵章第五

怠惰恣肆身之殃也勤勵不息身之德也是故農勤於耕士勤於學女勤於工農惰則五穀不穫士惰則學問不成女惰則機杼空乏恣資去聲殃音央勵音例穫黃入聲空去聲乏凡入聲怠懈

倦也惰不敬也恣縱也肆放也殃禍也勤勤勞也勵勉力也不息無已也五穀禾麻粟麥豆也刈穀曰穫機杼織具也空窮乏匱也天下之事未有怠惰而能有成也此特舉士農而為言者所以切曉於人也以見婦人內助其君子其可頃刻而怠勤勵哉

古者后妃親蠶躬以率下庶人之妻皆衣其夫紡績有制愆則有辟夫治絲執麻以供衣服冪酒漿具菹醢以供祭祀女之職也不勤其事以廢其功何以辭辟

衣去聲辟音僻冪音覓菹臻魚切醢音海祭統曰王后蠶於北郊以共純服蓋后妃親蠶其來尚矣躬以率下者以身先之也庶士眾士也衣服之也績功愆過也辟法也冪覆也漿酢也菹酢菜也醢肉醬也此引禮記國語之互相發明以見女職之不可懈也苟為怠其事以廢其功則亦何以免於先

王之法哉紕音緇酢音昨又音措夫早作晚休可以無憂縷積不息可以成匹戒之哉毋荒寧荒寧者劇身之廉刃也雖不見其鋒陰為其所戕矣詩云婦無公事休其蠶織此怠惰之愆也縷音呂劇姑衛切戕音墻休息止也縷綫也四丈為匹劇割也廉刃廉銛之刃也鋒兵耑也戕者卒然而傷之也詩大雅瞻卬之篇公事朝廷之事蠶織婦人之業言夙興而使息則用力勤而可以無怠惰之憂一縷而積久則可以成匹然則豈可不勤哉甚戒荒寧之不可也荒寧之戕身雖不可見其鋒刃然闇為其所傷矣故引詩言婦人本無公事豈可舍其職業而成怠惰之愆哉警戒之意深矣綫線同銛音纖耑端同闇暗同於乎貧賤不怠惰者易富貴不怠惰者難當勉

其難毋忽其易於乎歎辭也人之處富貴則必安於驕逸其能不怠惰者鮮矣蓋貧賤而不怠惰則順而易富貴而不怠惰則逆而難然亦有處貧賤而慵惰者故又警之曰當勉其難毋忽其易

警戒章第六

婦人之德莫大乎端已端已之要莫重乎警戒居富貴也而恒懼乎驕盈居貧賤也而恒懼乎放失居安寧也而恒懼乎患難奉巵于手若將傾焉擇地而旋若將陷焉巵音支陷咸去聲　端已正身也要約也警言之戒也放色肆縱也巵酒器旋周旋陷隤沒也人之平居鮮有無事而預為警戒者其心怠忽則百弊乘隙而生及心有所寤而欲戒焉徒然莫追矣故言婦人之德莫

大乎端已端已之要莫重乎警戒也苟能常存乎敬畏奉卮于手若將傾覆焉擇地而旋若將墜陷焉兢兢業業推類而盡之不忘乎警戒則必無所失矣夫卮器之小者奉之則甚易宜無所傾覆而常若傾焉擇地而旋則舉動之間詳審周密宜無所隕陷而常若陷焉警戒之道至矣

故一念之微獨處之際不可不慎謂無有見乎能隱於天乎謂無有知乎不欺於心乎

一念之微人所不知也獨處之際人所不見也故易生怠忽不可不謹然人雖不知不見其能隱于天而欺於心乎天即理也不違於理無歉於心故可與言警戒矣　歉苦簟切

故肅然警惕恒存乎矩度湛然純一不干于非僻舉動之際如對舅姑閨房之間如臨師保

湛讒去聲惕他歷切　肅敬也戒也惕憂懼也矩為方之

器度法制也度有五分寸尺丈引也湛然澄徹也純一不雜不二也言心體之明而無所汩撓也干犯也僻邪也不干于非僻言不犯于非禮也舅姑夫之父母也尊親同於已之父母不敢不敬一舉動之際若對于舅姑則毋敢有忽也師女師保保具身體者也閨房至深密之處常若師保臨之在傍自不容于惰慢而益有所警畏矣　汩音骨撓女巧切

不惰於冥冥不矯於昭昭行之以誠持之以久隱顯不貳由是德宜於家族行通於神明而百福咸臻矣

隱暗處也顯明也宜者和順之意家一家族三族父族母族夫族也臻至也常人之情忽於幽暗而欲矯飾於白日隱顯一致非至誠無息者不能婦人能以誠自守仰不愧俯不怍則德非但宜於一家又宜於三族行通於神明而百順之福自然至矣　怍音昨

夫念慮有常動則無過愆

患預防所以遠禍不然一息不戒災害攸萃累德終身悔何追矣預音豫　攸所萃聚也警戒常存乎念慮是以動無過失未患而先思所以防之禍焉從生苟一息之頃而不戒則災害所萃終身有累于德雖欲改悔無所及矣是故鑒古之失吾則得焉惕厲未形吾何尤焉詩曰相在爾室尚不愧于屋漏禮曰戒慎乎其所不覩恐懼乎其所不聞此之謂也覩都上聲　厲危也形現也尤罪也鑒視古人之失而省己之失則吾身之德日修是吾之所得焉事雖未形而常兢惕若處危地則吾身何有於罪焉詩大雅抑之篇相視也尚庶幾也屋漏室西北隅也言獨居於室之時亦當庶幾不愧于屋漏然後可爾復引禮記中庸篇之言以結之言常存敬畏雖不見聞亦不敢忽所

以示警戒之意深矣

節儉章第七

戒奢者必先於節儉也夫澹素養性奢靡伐德人率知之而取舍不決焉何也志不能帥氣理不足御情是以覆敗者多矣節撙節也易所謂節以制度是也儉約也澹素澹泊而質素也奢靡奢麗也伐敗也率皆也決斷也志者氣之將帥理者情之羈勒言人皆知儉素可以養性奢侈足以敗德而不能斷決於取舍之間由其志無所守而私勝於公所以顛覆敗亡者多矣　撙尊上聲

傳曰儉者聖人之寶也又曰儉德之共也侈惡之大也若夫一縷之帛出

工女之勤，一粒之食出農夫之勞致之非易而用之不節暴殄天物無所顧惜上率下承靡然一軌孰勝其敝哉

殄田上聲軌音詭勝平聲　傳謂古書子華子曰夫儉聖人之寶也所以御世之具也言聖人不寶金玉而寶節儉也春秋莊公二十四年春刻桓公桷御孫諫曰臣聞之儉德之共也侈惡之大也共恭也一說共也謂與天下共行此德也侈奢侈也暴疾也珍絕也率行也承奉也靡隨順也軌車轍也勝堪也敝敗壞也言天下之物皆出於農夫工女之勤勞用之無節暴殄天物奢侈相承上行下效隨順一律則亦何以勝其敝哉

夫錦繡華麗不如布帛之溫也奇羞美味不若糲粢之飽也且五色壞目五味昏智飲清茹淡祛疾延齡得失

損益判然懸絶矣糲音賴粢音資茹如去聲祛去平聲齡音零　羞膳之美者也脫粟曰糲糲粢黍稷之麤者也五色亂目則目不明五味亂口則智益昏茹食也祛却之也齡年也甚言淡薄之有益於人也判然斷然也懸絶謂相去遼遠也

古之賢妃哲后深戒乎此故絺綌無斁見美於周詩大練麤疏垂光於漢史敦廉儉之風絶侈麗之費天下從化是以海内殷富閭閻足給焉絺音

綌音隙斁音亦　絺綌葛布也精曰絺麤曰綌斁厭也周南葛覃之詩曰為絺為綌服之無斁言文王后妃躬治葛為布而服之無有厭斁也大練麤繒也後漢明德皇后常衣大練裙不加緣朔望諸姬主朝請望見后袍疏麤反以為綺縠就視乃笑后曰此繒特宜染色故用之耳六宮莫不歎息是以節儉之化行而四海之内

富盛閭里之間豐足
慈陵切緣去聲穀音斛
繒

蓋上以導下內以表外故后必敦節儉以率六宮諸侯之夫人以至士庶人之妻皆敦節儉以率其家然後民無凍餒禮義可興風化可紀矣

餒努罪切　導猶引導謂先之也表猶明也敦厚也率先也餒饑也紀理也極也言上下之間各敦乎節儉則治化之效必臻其極矣

或有問者曰節儉有禮乎曰禮與其奢也寧儉然有可約者焉有可腆者焉是故處己不可不儉事親不可不豐

腆他典切　約儉也腆厚也此引孔子之言以答或人之問又恐其一於儉而無等差故終之曰處己宜儉事親必豐

積善章第八

吉凶災祥匪由天作善惡之應各以其類善德攸積天降陰隲昔哉成周之先世累忠厚暨于文武伐暴救民又有聖母賢妃善德内助故上天陰隲福慶悠長隲音質

隲定也暨及也言為善而獲吉祥為惡而召凶災匪天之降是於人也而實各以類應人惟行善而所積既久則天命降鑒陰定于上周自后稷始封于邰十四而至太王十二世而文王始受天命十三世至武王伐紂救民遂為天子聖母賢妃蓋指太任太姒邑姜也聖賢之君繼作而又有聖母賢妃以善德而助於内故上天陰隲使周家福慶悠久而綿遠也

我國家世積厚德天命攸集我太祖高

皇帝順天應人除殘削暴救民水火孝慈高皇后好生大德助勤於內故上天陰隲奄有天下生民乂天之陰隲不爽于德昭若明鑑夫享福祿之報者由積善之慶婦人內助於國家豈可以不積善哉奄大也乂安也言天之所以陰隲于上者由人之德之所感召故無所差爽天之鑒照甚明而享福祿之慶者皆由於積善之所致也此序國家受命隆興與成周同一積善之慶也

古語云積德成王積怨成亡荀子曰積土成山風雨興焉積水成淵蛟龍生焉積善成德神明自得自后妃至于士庶人之妻其必勉於積善以

成內助之美此引古語與荀卿之言以見積善之不可已也如此婦人善德柔順貞靜溫良莊敬樂乎和平無乖戾也存乎寬弘無忌嫉也敦乎仁慈無殘害也執禮秉義無縱越也祇率先訓無愆違也不厲人適己不以欲戕物以是而內助焉積而不已福祿萃焉易曰積善之家必有餘慶書曰作善降之百祥此之謂也祇音支愆丘虔切　柔順貞靜者柔順利貞以合乎坤靜之德溫和厚也良易直也莊敬誠一之至也婦人善德無過於此矣乖戾違背也弘大也秉執也縱放越度也祇敬率遵先訓先代之訓言也愆過違背也厲虐害也適便也欲私欲也戕物殘傷於物也萃聚也言婦人能全是數者

之善而行之無所違則積善之福必源源而至矣故引易書之言以終之以見天下之事未有不由積而成家之所積者善則福慶及於子孫善必積而後成惡雖小而可畏丁寧申戒之意切矣

遷善章第九

人非上智其孰無過過而能知可以為明知而能改可以跂聖小過不改大惡形焉小善能遷大善成焉跂與企同

音棄　孰誰也跂舉足也言人非上智之資其誰無過乎然能知其過則謂之明知過而能改則可以跂望於聖人然人每吝於改小過小過不改終成大惡苟能知小善之可為而徙過以從善則大善由茲而立矣益積小可以成大也

夫婦人之過無他惰慢也嫉妬也邪僻也惰慢

則驕孝敬衰焉嫉妬則刻菑害興焉邪僻則佚節義頹焉是數者皆德之弊而身之殃或有一焉必去之如蟊螣遠之如蜂蠆蜂蠆不遠則螫身蟊螣不去則傷稼已過不改則累德蟊音矛螣音特蠆柴去聲螫音釋稼音架佚音逸頹徒回切　惰慢者無所敬畏也嫉妬者專於忌媢也邪僻者邪侈放僻也驕者矜高刻者慘覈降於人者曰菑作於人者曰害佚蕩佚也頹墜也蟊螣害苗虫也食根曰蟊食葉曰螣蜂蠆皆毒虫其芒在尾螫毒也禾之秀實曰稼言婦人於是數者之故或有一焉皆足以喪德而敗身必當遠去之毋使累其德也　覈音核

若夫以惡小而為之無恤則必敗以善小而忽之不為則必覆能行小

善大善依基戒於小惡終無大戾故諺有之曰屋漏遷居路紆改途傳曰人誰無過過而能改善莫大焉恤憂也覆傾覆也居處也紆縈曲也言人以一事之惡為小而為之無所憂恤雖未即至于敗然有敗之道存焉何則今日為一小惡明日又為一小惡積之久則小者成大烏有不敗人以一事之善為小而不為雖未便至於覆然有覆之理係焉何則今日舍一小善而不為明日又舍一小善而不為則是終無一善焉得不覆故曰能行小善大善依基戒於小惡終無大戾又引俗語以明人有過則當改猶屋之漏則必遷其處路之紆枉則必由其直也春秋晉靈公殺宰夫士會諫之公曰吾之過矣士會曰人誰無過過而能改善莫大焉事見宣公二年

崇聖訓章第十

自古國家肇基皆有內助之德垂範後世夏商之初塗山有莘皆明教訓之功成周之興文王后妃克廣關雎之化肇音兆範音范　肇始也範法也關雎國風周南詩之首篇也禹娶塗山氏長女為妃獨明教訓而致其化湯娶有莘氏之女為妃亦明教訓而致其功焉文王娶聖女姒氏為妃則關雎之化行而仁厚之德廣是皆內助而肇興國家者也我太祖高皇帝受命而興孝慈高皇后內助之功至隆至盛蓋以明聖之資秉貞仁之德博古今之務艱難之初則同勤開創平治之際則弘基風化表壼範於六宮著母儀於天下驗之往哲允莫與京譬

之日月天下仰其高明譬之滄海江河趍其浩博然史傳所載什裁一二而微言奥義若南金焉銖兩可寶也若穀粟焉一日不可無也貫徹上下包括鉅細誠道德之至要而福慶之大本矣

壼音閫 博普徧也壼範宮中模範也往哲往古明哲之后也允信也京大也趍歸往也浩博廣大也什猶軍法以十人為什也裁之為言僅也奥深奥也南金荊揚之金也銖兩者十黍為絫十絫為銖二十四銖為兩也貫徹通達也包括包舉而無遺也此序太祖高皇帝龍興而孝慈高皇后備如是高明廣大之德肅成内助而往古賢后誠莫能同其大也嘉謨聖訓精微深奥至貴至重切於日用語具指要則貫徹乎上下語具浩博則包括乎鉅細誠為道德之極至而福慶本源咸由於斯矣

索音累

后遵之則可以配至尊奉宗廟化天下衍慶源諸侯大夫之夫人與士庶人之妻遵之則可以內佐君子長保富貴利安家室而垂慶後人矣詩云太姒嗣徽音則百斯男敬之哉敬之哉

徽音暉遵循也配對也至尊者君也奉承也衍延也慶源福慶之本源也佐助也詩大雅思齊之篇太姒文王之妃也嗣續也徽美也百男舉成數而言其多也此言高皇后大德懿訓后能循而行之則可以配于天子奉承宗廟教天下以廣延其福慶之源下至于士庶人之妻莫不皆然又引詩言太姒能繼太任美德之音而子孫衆多也重言敬之哉者以明聖訓之不可以忘故致丁寧之意也

景賢範章第十一

詩書所載賢妃貞女德懿行備師表後世皆可法也夫女無姆教則婉娩何從不親書史則往行奚考稽往行質前言模而則之則德行成焉姆音茂婉音宛娩音晚懿美也備具也姆女師也婉謂言語娩謂容貌司馬溫公云柔順貌從由也奚何也稽考也往行往哲所行之行也質證也前言前代所訓之言也模規模則法也詩首關雎書美釐降觀古昔所稱頌者皆由具德行純美故可以為天下後世法言女子必有姆教然後能成婉娩之德必親書史然後知古人行事之實否則無以成其德以考其業也故必求法於古則己之德行乃可以成焉夫明鏡可以鑑妍媸權衡可以擬

輕重尺度可以測長短往轍可以軌新跡希聖者昌踵斆者亡姸音言媸音笞轍音徹　姸美也媸醜也權稱錘也衡平也擬準擬也尺度說見前測度也轍車輪所輾之跡也軌法也希望也踵躡也錘音椎度入聲輾音碾踵音腫躡音聶是故修恭儉莫盛於皇英求貞順莫備於太姜效誠莊莫隆於太任行孝敬莫純於太姒儀式刑之齊之則聖下之則賢否亦不失於從善皇英堯之二女娥皇女英也以天子之女而事舜於畎畝之中謙謙恭儉思盡婦道太姜者太皇之妃也貞順率道而靡有過失太任之性端一誠莊惟德之行太姒仁明有德貴而能勤富而能儉已長而敬不弛於師傅已嫁而孝不衰於父母是數妃者聖德全備特各舉其一二言之可以互見非

為有於此而不足於彼也儀式刑皆法也言能取法於此齊之則可以至於聖下之則可以及於賢有所不至亦不失於為善

夫珠玉非寶淑聖為寶令德不虧室家是宜詩云高山仰止景行行止其謂是歟

淑善聖通明也令亦善也詩小雅車舝之篇仰望也景行大道也言婦人不以珠玉為寶而以淑聖為寶苟令善之德無所虧缺則可以宜其室家矣故引詩以結之以言高山則可仰景行則可行然則內助於國家者其可以忘景仰前人之法也哉　舝音轄

事父母章第十二

孝敬者事親之本也養非難也敬為難以飲食供奉為孝斯末矣孔子曰孝者人道之至德夫通于神明感于

四海孝之致也善事父母之謂孝洞洞屬屬之謂敬言婦人之事親以孝敬為本不以飲食供奉為難也論語曰有酒食先生饌曾是以為孝乎正此意也此引孔子之言事見亢倉子所謂人道之至德無以復加於孝乎通達于神明感動于四海孝之所致也然則孝敬行於一身而感通之大也如此其可忽乎亢音庚

昔者虞舜善事其親終身而慕文王善事其親色憂滿容或曰此聖人之孝也非婦人之所宜也是不然孝弟天性也豈有間於男女乎事親者以聖人為至虞氏舜名書稱其克諧以孝又曰祇載見瞽瞍夔夔齊慄孟子曰大孝終身慕父母五十而慕者予於大舜見之矣文王之為世子朝於王季日三至於寢門外問內豎曰今日安否何如內豎曰安文王乃喜其有不安節內豎

以告文王文王色憂行不能正履王季復膳然後亦復初此舉二聖人之孝以為訓戒者以為非婦人之所宜蓋孝弟本乎天性故無間於男女事親者必以聖人之道而為極至竪音樹

若夫以聲音笑貌為樂者不善事其親者也誠孝愛敬無所違者斯善事其親者也縣衾歛簟節文之末紉箴補綴師事之微必也恪勤朝夕無怠逆於所命祇敬尤嚴於杖屨旨甘必謹於餕餘而況大於此者乎是故不辱其身不違其親斯事親之大者也縣音懸衾音欽簟添去聲紉音銀箴與針同綴音拙一音惴帥音率恪康入聲屨音句餕音俊衾被也簟竹席也紉郭璞云以綫貫箴也綴聯綴也帥與率同循也恪敬也屨履

也食餘曰餕禮曰父母在朝夕恒食子婦佐餕既食恒餕父殁母存冢子御食羣子婦佐餕如初旨甘滑孺子餕夫聲音笑貌皆可以僞爲之而以爲足以事其親則未也惟誠孝愛敬之發于心無所背於理者則可謂善事其親矣若夫謹於事爲之末節以此而爲孝亦未也必也能盡其誠敬無怠逆於父母之命斯可矣雖杖屨與飲食之餕餘尤加敬謹矧有大於此者而可以不敬乎夫身者親之遺體也不辱其身是不辱其親也豈非事親之大者乎

夫自幼而笄既笄而有室家之望焉推事父母之道於舅姑無復加損矣故仁人之事親也不以既貴而移其孝不以既富而改其心故曰事親如事天又曰孝莫大於寧親可不敬乎詩云害澣害否歸寧父母此

后妃之謂也笄音雞害音曷澣音浣　笄簪也女子十年姆教十五而笄既笄而許嫁而有室家之責推事父母之道以事舅姑同一道矣惟仁人之事其親終始如一不以富貴而有所改移也家語云事親如事天天者至尊無對惟親可擬楊子曰孝莫大於寧親寧者安其親之心也心有所不安是貽其親之憂也其可忽乎詩周南葛覃之篇害何也澣濯其衣也寧安也言何者當澣而何者可以未澣乎我將服之以歸寧于父母矣此文王后妃既富貴而孝不衰於父母也如此故以是終焉　簪緇岑切貽音怡

事君章第十三

婦人之事君比昵左右難制而易惑難抑而易驕然則有道乎曰有忠誠以為本禮義以為防勤儉以率下慈

和以處衆誦詩讀書不忘規諫寢興夙夜惟職愛君昵尼入輦比密也昵日相近也正君曰規分別善惡以陳於君曰諫寢息也興起也夙早也職主也言婦人日切近於君之左右難禁制而易昡惑難遏抑而易驕縱婦人事君之道以忠誠而為根本以禮義而為隄防躬行勤儉以表率於下慈仁溫和以安處於衆詩以理性情書以道政事誦詩書之言不違規諫寢興夙夜之間惟主於愛君而已不可頃刻而忘乎正也居處有常服食有節言語有章戒謹讒慝中饋是專外事不涉謹辨內外教令不出遠離邪僻威儀是力毋擅寵而怙恩毋干政而撓法擅寵則驕怙恩則妬干政則乖撓法則亂諺云汨水淖泥破家妬

妻擅音膳淖音閙 不為宴遊逸樂則居處有常矣不窮嗜欲華靡則服食有節矣不道非禮之言則言語有章矣讒譖也慝邪也饋食也婦人居中而主饋者也故云中饋易曰無攸遂在中饋貞吉詩曰無非無儀惟酒食是議外事不涉者言不與外事也男不言内女不言外是也謹辨内外者禮始於謹夫婦為宮室辨外内男子居外女子居内深宮固門閽寺守之男不入女不出教令不出者言教令不出於閨門也遠離邪僻者不犯於非禮也威儀者德之見乎外者也力用力以修其威儀也擅專也寵愛也怙恃也干預也撓擾也乖戾也汩濁也淖亦泥也言水之濁也淖泥汩之家之破也妬妻敗之夫婦人之事君能謹守禮法遵是數者而行之則未有不善也

夫不驕不妬身之福也詩云樂只君子福履綏之夫安命守分僭瀆不生詩云夙夜在公寔命不同是

故姜后脫珥載籍攸賢班姬辭輦古今稱譽綏音雖僣子念切黷音讀珥因耳輦連上聲　詩周南樛木之篇履祿也綏安也此詩美后妃無嫉妬之心故樂其德而願其安享福祿也命者天所賦之分也僣侵也黷瀆慢也言安其命而守其分則侵慢之事不生矣詩召南小星之篇此詩南國夫人承后妃之化能不妬忌以惠其下故其衆妾美之如此蓋衆妾進御於君不敢當夕遂言其所以如此者由其所賦之分不同於貴者深以得御於君為夫人之惠無敢致怨於往來之勤也此兩引詩以言事君者無嫉妬之行則必獲福祿安其命分則必無怨惡姜后周宣王之后姜氏珥耳璫也宣王常晏起后脫簪珥待罪永巷使傅母言於王曰妾不才使君王失禮晏朝以見君王樂色而忘德也夫苟樂色必好奢窮欲亂之所興也原亂之興從婢子始敢請婢子之罪王曰寡人不德寔自生過非夫人之罪也遂勤於政事卒成中興之業

君子謂姜后為能事君也班姬者漢孝成皇帝之婕好也成帝遊後庭嘗欲與同輦辭曰觀古圖畫賢聖之君皆有名臣在側三代末主乃有女嬖今欲同輦得無似之乎帝善其言而止又引姜后班姬之事以為事君之法也摎居尤切

我國家隆盛孝慈高皇后事我太祖高皇帝輔成鴻業居富貴而不驕職內道而益謹兢兢業業不忘夙夜德蓋前古垂訓萬世化行天下詩云思齊太任文王之母思媚周姜京室之婦此之謂也媚明祕切詩大雅思齊之篇思語辭齊莊媚愛也此序孝慈高皇后之盡道以事太祖高皇帝亘萬古而莫並是以垂法於天下萬世而無窮復引詩以咏嘆之其旨深矣亘居鄧切

縱觀往古國家興廢未有不

由於婦之賢否也事君者不可不慎詩云夙夜匪解以事一人詩大雅烝民之篇解怠也一人謂君也歷觀古昔成敗其原皆本於婦人夏之興也以塗山而其亡也以妹喜殷之興也以有莘而其滅也以妲己周之興也以太任太姒而其衰也以褒姒以此而言事君者不可不慎故引詩以結之丁寧告戒之意切矣　妹音末妲音怛苟不能胥匡以道則必自荒厥德若網之無綱衆目難舉上無所毗下無所法則淪胥之漸矣夫木瘁者內蠹攻之政荒者內嬖蠱之女寵之戒甚於防敵詩云赫赫宗周褒姒烕之可不鑒哉毗音琵瘁音萃蠹都故切嬖音臂烕呼決切　胥相匡正也荒荒迷也毗輔淪陷也沒也瘁病也蠹木中

蟲也攻伐也嬖便嬖左右近習者也蠱腹中蟲亦曰惑也詩小雅正月之篇宗周鎬京也褒姒幽王之嬖妾褒國女姒姓也威亦滅也言婦人之事君苟不能相正以道必自荒迷其德猶網無綱則衆目不舉是以在上者無以為之輔在下者無所以取法是則漸至於淪沒矣夫木之凋瘁者蠹以攻其内政事之荒失者嬖以惑其中故曰女寵之戒甚於防敵蓋拒之欲堅而守之欲固也又引詩以見赫赫然之宗周而一褒姒足以滅之蓋深以為鑒矣鎬音昊

夫上下之分尊卑之等也夫婦之道陰陽之義也諸侯大夫及士庶人之妻能推是道以事其君子則家道鮮有不盛矣

在上者尊君之謂也在下者卑妾婦之謂也上下有一定之分尊卑有不易之等不敢有一毫之陵越也夫易始乾坤則男女之道著故曰夫婦之道陰陽之義也婦人之事

君者能盡其道則國家之隆盛不言可知若夫諸侯大夫及士庶人之妻能推是道以事其君子則家道有不盛者未之有也

事舅姑章第十四

婦人既嫁致孝於舅姑舅姑者親同於父母尊擬於天地善事者在致敬致敬則嚴在致愛致愛則順專心竭誠毋敢有怠此孝之大節也衣服飲食其次矣

儗擬同在家則孝于父母既嫁則孝于舅姑舅姑之親同於父母也舅姑之尊比於天地也孝之之道在於善事之而已善事者在於致敬而已敬則嚴嚴則不苟在於致愛而已愛則順順則不逆專一其心竭盡其誠禁止其怠慢此

孝之大目也若夫以衣服飲食奉養為孝抑又其次矣故極甘旨之奉而毫髮有不盡焉猶未嘗養也盡勞勤之力而頃刻有不恭焉猶未嘗事也舅姑所愛婦亦愛之舅姑所敬婦亦敬之樂其心順其志有所行不敢專有所命不敢緩此孝事舅姑之要也勤音異　旨美也勤勞也言極其甘美之奉而毫髮之事有不盡于心則與未養同竭其勤勞之力而頃刻之際有所不敬則與未事同故舅姑之所敬愛者亦當敬愛之娛樂其心毋使憂恤也順從其志毋有逆違也已有所行則必稟命於舅姑毋敢自擅也舅姑有命則必奉承而行毋敢稽緩也此孝事舅姑之要道昔太姒思媚周基益隆長孫盡孝唐祚以固甚哉

孝事舅姑之大也夫不得於舅姑則不可以事君子而況於動天地通神明集嘉禎乎故自后妃下至卿大夫及士庶人之妻壹是皆以孝事舅姑為重詩云夙興夜寐無忝爾所生

祚存故切　太姒思媚說見前唐太宗文德皇后長孫氏有賢行事高祖盡孝謹承諸妃消釋嫌猜太宗有天下致基祚之隆后與有力甚矣孝事舅姑其道之大也如此苟惟不得於舅姑是犯七去之一則不足以事其君子況於動天地通神明集禎祥者乎故自后妃以至庶人之妻一切皆以孝事舅姑為重也詩小雅小宛之篇忝辱也引此詩而言事舅姑者當夙興夜寐以盡其道以求無辱於父母而已　嫌賢兼切　猜倉才切

奉祭祀章第十五

人道重夫昏禮者以其承先祖共祭祀而已故父醮子命之曰往迎爾相承我宗事毋送女命之曰往之女家必敬必戒國君取夫人辭曰共有敝邑事宗廟社稷分雖不同求助一也醮焦去聲　醮冠取之祭名也相助也宗事者宗廟之事也女家婦人內夫家故曰女家也言婦人之職奉宗廟祭祀以助其君子上下之分雖有不同其求助於內則一也

蓋夫婦親祭所以備外內之官若夫后妃奉神靈之統為邦家之基蠲潔烝嘗以佐其事必本之以仁孝將之以誠

敬躬蠶桑以為玄紞備儀物以共豆籩夙夜在公不以為勞詩云君婦莫莫為豆孔庶蠲音涓紞都感切蠲言齊戒滌濯之潔宗廟之祭春曰祠夏曰禴秋曰嘗冬曰烝躬以身親之也蠶所以為絲而桑所以養蠶紞纖絲為之用縣瑱以塞耳者魯語云王后親織玄紞儀物禮儀之物也共具也木曰豆竹曰籩所以盛菹醢者也詩小雅楚茨之篇君婦主婦也莫莫清靜而敬至也豆所以盛內羞庶羞主婦薦之也庶多也滌音狄濯音濁禴音藥瑱音鎮夫相禮罔愆威儀孔時宗廟饗之子孫順之故曰祭者教之本也苟不盡道而忘孝敬神斯弗享矣神弗享而能保躬裕後者未之有也凡內助於君子者其尚勗之言助

於祭祀禮罔愆違而威儀既得其宜宗廟饗其誠而子孫順其孝祭統曰祭者教之本也言聖人立教其本在此苟不盡其誠敬之道則神且弗享其祀矣神之弗享而能保其躬以饒裕其後者未之有也凡有內助之責者可不知勉於是哉

母儀章第十六

孔子曰女子者順男子之教而長其理者也是故無專制之義所以為教不出閨門以訓其子者也教誨不倦曰長理義理也言女子但順從男子之教而長其義理亦惟在於從人無專制者也然其所以教不出於閨門之內以訓誨其子女而已無閫外之事也教之者導之以德義養之以廉遜率之

以勤儉本之以慈愛臨之以嚴恪以立其身以成其德廉儉也遜讓也嚴毅恪敬也言教其子女者須引導之以德義則不入於邪僻涵養之以廉遜則不至於貪鄙先之以勤儉則不至於奢靡以慈愛存於心以嚴恪臨其上乃可以立其身而成其德者也母儀之要斯為至切矣慈愛不至於姑息嚴恪不至於傷恩傷恩則離姑息則縱而教不行矣詩云載色載笑匪怒以教姑息苟安也言慈愛者必當愛之以道以姑息而為慈愛則不知所以愛其子矣嚴恪者不至於暴戾使在下者畏而愛之苟惟一之以嚴毅而無優裕之容則必至於傷恩傷恩則其心離姑息則其心縱而教訓有所不行矣詩魯頌泮水之篇色和顏色也引詩而言又在於和其顏色以教之也戾音麗夫教之有道矣而在

已者亦不可不慎是故女德有常不踰貞信婦德有常不踰孝敬而人則之詩云其儀不忒正是四國此之謂也忒音慝　言所以教其子者既有其道矣而在我之母儀者亦不可不慎夫女有常德不過貞信而已婦有常德不過孝敬而已此亦互文也言在已者有是貞信孝敬之實則人必取以為法詩曹風鳲鳩篇言其儀度不差忒則足以正四國矣　鳲音尸

睦親章第十七

仁者無不愛也親疏內外有本末焉一家之親近之為兄弟遠之為宗族同乎一源矣仁者之人無所不愛也由親以及疏由內以及

外皆致其愛焉夫內親而外疏內本而外末親疏之分等差雖有不同推其和睦之道則一而已兄弟者親之至近者也宗族者親之至遠者也溯其流派則始於一源之所出矣豈可忘其所本而不加愛哉 差叉宜切 推出唯切 溯音素 派普卦切

若夫娣姒姑姊妹親之至近者也宜無所不用其情夫木不榮於幹不能以達支火不灼乎中不能以照外是以施仁必先睦親睦親之務必有內助

娣音弟 姒音子 娣姒妯娌相呼之名姑父之姊妹也夫之姊妹亦曰姑女兄曰姊女弟曰妹情實也言此皆親之至近愛之宜盡其情實也幹木正出者支木旁生者灼光明也言施仁之道必先睦親睦親之道必自近始然其能行是道亦必由於內助之所致也 妯音逐 娌良士切

凡一源之出本無異

情間以異姓乃生乖别書曰惇敘九族詩曰宜其家人主乎内者體君子之心重源本之義敦頍弁之德廣行葦之風仁恕寛厚敦洽惠施頍犬蘂切弁音卞洽胡夾切

大抵遠之為宗族近之為兄弟本出一源而無所異也惟間以異姓不相和睦乃生乖異爾書皐陶謨惇厚也九族高祖至玄孫之親厚敘九族則親親恩篤而家齊矣詩周南桃夭之篇家人一家之人也凡主乎内者宜體其君子仁愛之心當益重水源木本之義也頍弁小雅詩之篇此詩宴兄弟親戚之詩其辭曰豈伊異人兄弟匪他又曰兄弟甥舅頍弁貌或曰舉首貌弁皮弁也敦頍弁之德者言效是詩之厚於親戚也行葦大雅詩之篇此宴父兄耆老之詩其辭曰戚戚兄弟莫遠具爾行道也葦蘆葦也廣行葦之風者言廣是詩藹然篤厚之意也有如是之恩

則其仁厚寬恕之實見於惠施者敷布而周洽矣陶音遥

不忘小善不記小過録小善則大義明畧小過則讒慝息讒慝息則親愛全親愛全則恩義備矣疏戚之際藹然和樂由是推之内和而外和一家和而一國和一國和而天下和矣可不重歟夫親親之間有小善者不可以忘之録其小善則人心益勸而大義益明有小過者不可以記之略其小過則是非不興而讒慝不作如此則親愛之情全而恩義之意備矣則親疏之間藹然和樂自一家而推之至於一國而天下靡有不和者矣其可不以是為重哉大學傳曰一家仁一國興仁一家讓一國興讓此之謂也

慈幼章第十八

慈者上之所以撫下也上慈而不懈則下順而益親是故喬木竦而枝不附焉淵水涸而魚不藏焉故甘瓠纍於樛木庶草繁於生澤則子婦順於慈仁理也竦息勇切涸音鶴瓠音護纍倫追切　上之撫下者一本於慈愛而已慈愛之心有所不懈則在下者必順承而愈親戴其上矣借使上之待下者鮮慈愛之道譬之喬木上竦而旁枝不相附屬淵水涸竭而巨魚不能容藏夫樛木下垂故有甘美之瓠固結於其上矣深澤寬廣故有衆多之草繁盛於其中矣居上慈仁故子婦自順從於下矣其理固如此也若夫待之以不慈而欲責之以孝則下必不安下不安則心離心離則忮忮則不祥莫大焉為人父母

者其慈乎其慈乎忮支義切　夫待下而不以慈乃欲責之以盡其孝則在下者有所不安於上矣下之不安則其心已離離則有所忮害忮害則其為不祥莫大於是故曰為人父母者其慈乎其慈乎重言之者深言慈愛之道不可以亡也大學傳以慈為使眾之道內助於國家者其可忽乎

然有姑息以為慈溺愛以為德是自儆其下也故慈者非違理之謂也必也盡教訓之道乎亦有不慈者則下豈可以不孝必也勇於順令如伯奇者也然亦有不知其子之惡偏於一己之私苟且溺愛以為慈為德是自敗其子也故慈者非若此悖理之謂必盡教訓之道則必無非禮違法之事矣亦有父母待子以不慈則子豈可以不孝必盡其在己者矣伯奇尹吉甫之子也後母譖而逐之伯奇履霜中

野勇於順令如伯奇者言在下者當如伯奇之順令也　諸側禁切

逮下章第十九

君子為宗廟之主奉神靈之統宜蕃衍似續傳序無窮故夫婦之道世祀為大古之哲后賢妃皆推德逮下薦達貞淑不獨任己是以茂衍來裔長流慶澤　衍音演裔以制切

言古之人君主宰天下重以嗣續為大也然使子孫蕃盛者皆由賢妃哲后能不妬忌有逮下之德薦達貞淑以奉其上不專於一己而已是以後嗣延昌慶澤綿遠矣漢明德皇后薦達左右若恐不及後宮有進見者每加慰納

周之太姒有逮下之德故樛木形福履之詠螽斯

揚振振之美終能昌大本支綿固宗社三王之隆莫此為盛矣螽音終　太姒樛木說見前螽斯蝗屬一生九十九子振振盛貌后妃不妬忌而子孫衆多故衆妾以螽斯之羣處和集而子孫衆多比之言其有是德而宜有是福也事見詩周南螽斯篇本宗子也支庶子也本宗則百世為天子支庶則百世為諸侯使宗社綿延鞏固而夏殷周后妃之盛莫有過於太姒者也鞏音拱

故婦人之行貴於寬惠惡於妬忌月星並麗豈掩於末光松蘭同畝不嫌於俱秀此承上文而言婦人以寬惠為德而尤惡於妬忌也夫月與星並麗則其光自不相掩松與蘭同秀則其色自不相妨以見已與衆妾同處亦當若此而無所忌嫉也

自后妃以至士庶人之妻誠能貞靜寬和明大孝

之端廣至仁之意不專一已之欲不蔽衆下之美務廣君子之澤斯上安下順和氣蒸融善慶源源實肇於此矣

言凡內助於君子者誠能有貞靜寬和之德明大孝繼承之本廣至仁逮下之意不專已以蔽下之美務推廣君子之恩澤斯則上安具心下順具義而上下之間藹然和氣薰蒸融液而積善之慶源源而來實始由於此矣

待外戚章第二十

知幾者見於未萌禁微者謹於抑末自昔之待外戚鮮不由於始縱而終難制也雖曰外戚之過亦係乎后德

之賢否爾幾者動之微也萌芽也微者細微之事而末又微之至也謹之者言雖至微之事當抑遏之苟忽而不抑將必至於甚大甚大而欲抑則有所不能矣傳曰禁微者易抑末者難正此意也自古之待外戚多因抑恩恃愛始則縱其所為及其後也驕橫强肆而難以裁制雖云外戚之過亦係乎妃后之賢否爾賢者則能戒飭之而長保其安全不賢者則驕縱之而卒使其喪敗也遏阿葛切飭音勑觀之史籍具有明鑒漢明德皇后脩飭內政患外家以驕恣取敗未嘗加以封爵唐長孫皇后慮外家以貴富招禍請無屬以樞柄故能使之保全後漢顯宗明德皇后馬氏伏波將軍援之女也謙肅節儉撿抑外家嘗揆顯宗起居注削去兄防參醫藥事肅宗即位請曰黃門舅旦夕供奉且一年既無褒異又不錄

勤勞無乃過乎后曰吾不欲令後世聞先帝數親後宮之家故不著也建初元年欲封爵諸舅后不聽明年夏大旱言事者以為不封外戚之故后詔曰凡言事者皆欲媚朕以要福爾先帝防慎舅氏不令在樞機之位吾豈可上負先帝之旨下虧先人之德固不許帝省詔悲歎重以為請后曰吾豈徒欲獲謙讓之名而使帝受不外施之憾哉高帝約無軍功非劉氏不侯今馬氏無功於國家豈得與陰郭中興之后等耶吾計之熟矣勿有疑也初大夫人葬起墳微高后以為言兄廖即時減削外親有謙素義行者輒假以溫言賞以財貨如有纖芥即加譴責車服不軌者便絕屬籍遣歸田里於是內外從化諸家惶恐四年帝封三舅廖防光為列侯並辭就關內侯后聞之曰吾居不求安食不念飽冀乘此道不負先帝所以化導兄弟何意老志復不從哉萬年之日長恨矣廖等不得已受封爵而退位歸第馬唐太宗文德皇后長孫氏隋右驍衛將軍長孫晟之女兄無忌於

帝本布衣交以佐命為元功出入臥內帝將引以輔政后固謂不可秉間曰妾託體紫宮尊貴已極不顧私親更掾權于朝漢之呂霍可以為誡帝不聽自用無忌為尚書僕射后密諭令宰讓帝不獲已乃聽后喜見顏間他日謂帝曰妾家以恩澤進無德而祿易以取禍無屬樞柄以外戚奉朝請足矣此皆后之賢者故能保全外戚也掾音院驍音澆晟音盛射音夜

其餘若呂霍楊氏之流僭踰奢靡氣歊熏灼無所顧忌遂至傾覆良由內政偏陂養成禍根非一日矣易曰馴致其道至堅冰也

馴音旬漢高祖呂后有佐定天下之功惠帝即位尊為太后帝崩臨朝稱制大赦天下迺立兄子呂台產祿台子通四人為王封諸呂六人為列侯追尊父呂公為呂宣王兄周呂侯為悼武王太后病困以趙王祿為上將軍居北軍梁王產為相國居

南軍戒産禄曰高帝與大臣約非劉氏王者天下共擊之今王吕氏大臣不平我即崩恐其為變必據兵衛宫慎毋送喪及后崩禄産顓兵政因謀作亂太尉周勃等共誅之悉捕諸吕男女無少長皆斬之霍光女為宣帝后宣帝始立立許妃為皇后光妻顯欲以小女為后私使乳醫淳于衍毒殺許后因勸光納女立為后立三歲而光薨子禹嗣為博陸侯顯改光時所造塋制而侈大之起三出闕北臨昭靈南出承恩盛飾祠室輦閣通屬永巷幽良人婢妾守之廣治第室作乘輿輦加畫繡絪馮黄金塗韋絮薦輪侍婢以五采絲輓顯游戲第中而禹山亦並繕治第宅走馬馳逐平樂館雲當朝請數稱病始出多從賔客張圍獵黄山苑中使蒼頭奴上朝謁莫敢譴者而顯及諸女晝夜出入長信宫殿中無期度又奴與御史家奴爭道霍氏奴入御史府欲蹋大夫門御史為叩頭謝乃去後殺許后事頗泄顯遂與諸壻昆弟謀反發覺皆誅滅唐玄宗貴妃楊氏蜀州司户玄琰

女姿色冠代善歌舞邃音律智算過人動移上意姊三
人皆有才貌並封國夫人長韓國次虢國次秦國出入
宮掖勢傾天下兄銛鴻臚卿累授三品上柱國錡侍御
史尚太華公主賜甲第連於宮禁劍字國忠亦寖顯與
銛皆私第立戟五家甲第僭擬宮掖車馬僕御照耀京
邑遞相夸尚每構一堂費踰千萬見勝於已者即徹而
復造土木之工晝夜不息須賜五家中使不絕每有請
託府縣承迎峻如詔勑四方賂遺其門如市開元以來
豪貴雄盛無楊氏之比玄宗每幸華清宮五家扈從家
各為隊隊各一色五家合隊照映川谷如百花煥發遺
鈿墜舄瑟瑟珠翠璨瓓芳馥於路每朝賀侍漏靚粧盈
巷蠟炬如晝國忠既居宰執勢益恣横十載正月望夕
五宅夜遊與廣平宮主爭門楊氏奴揮鞭及公主衣宮
主墮馬駙馬程昌裔扶公主因及數撾公主泣奏之殺
楊氏奴昌裔亦停官貴妃姊妹與范陽節度使安祿山
結為兄弟及祿山叛露檄數國忠罪河北盜起以太子

監撫軍國事國忠大懼及潼關失守玄宗西幸陳玄禮密啓太子誅國忠父子既死軍不散玄宗遣力士宣問對曰禍本尚在益指貴妃也帝不獲已與妃决遂縊死韓國虢國二夫人亦為亂兵所殺國忠妻自刎死子暄等皆誅滅按呂霍楊氏僭禮踰分驕奢侈靡氣燄熏灼可畏如此而罔知忌避以至傾覆其祀皆因内政不平包藏禍根非一日矣易戒履霜堅氷至言始雖甚微不可使長長則至於盛也若是者皆因循而至於堅氷也觀於此足以為鑒矣　悼音道顑專同薨呼肱切飾音式馮皮氷切輓音晚躝音闌琰以冉切遂音遂虢古伯切銛音纖錡音奇寖與浸同賂音路扈音户舄音昔馥音伏靚音淨撾職瓜切檄形狄切潼音童縊音翳剄古頂切

夫欲保全之者擇師傅以教之隆之以恩而不使撓法優之以禄而不使預政杜私謁之門絕請求之路謹

奢侈之戒長謙遜之風則其患自弭弭毋婢切優有餘也預干也杜塞也遏請也絕斷也弭息也言欲保全外戚者擇師傅以教之使其由於道義隆之以親親之恩使其不撓於法度優之以爵祿使其不干于政事塞其私謁之門斷其請求之路戒之使毋及于奢侈以長其謙卑退遜之風則其驕恣之弊自然而息矣若夫恃恩姑息非保全之道恃恩則侈心肆焉姑息則禍機蓄焉蓄禍召亂其患無斷盈滿招辱守正獲福慎之哉慎之哉恃恩者外戚也姑息者后宮也彼之恃恩則奢侈恣肆靡所不至我之姑息則養成其患而禍機蘊蓄于中蓄禍將必召亂由我之姑息而始不能斷決也盈滿則必至於招辱小則失其身家大則覆宗絕嗣惟守正者不驕不侈循於道義故能全保富貴此則可以獲福矣

故重言愼之哉者警戒之義至深切矣讀者當詳味之　蘊於問切

温氏母訓　　儒家類

提要

臣等謹案温氏母訓一卷明温璜録其母陸氏之訓也璜初名以介字于石號石公後以夢兆改今名而字曰寶忠烏程人崇禎癸未進士官徽州府推官事迹附見明史邱祖德傳乾隆四十一年

賜謚忠烈璜有遺集十二卷此書其卷末所附録語雖質直而頗切事理末有跋語不著名氏稱原集繁重不便單行乃録出再付之梓案璜於順治乙酉起兵與金聲相應以拒王師凡四閲月城破抗節以死其氣節震耀一世可謂不愧於母教又高承埏忠節録載璜就義之日慨然語妻茅氏曰吾生平學為聖賢不過求今日處死之道耳因繞屋而走茅

氏曰君之遲留得無以我及長女實德在乎時女已寢母呼之起女問何為母曰死耳女曰諾即延頸受死璜手刃之茅氏亦卧床引頸待刃璜復斫死乃自刎知其家庭之間素以名教相砥礪故皆能臨難從容如是非徒託之空言者矣故雖女子之言特録其書於儒家示進之也乾隆四十九年閏三月恭校

上

總纂官臣紀昀臣陸錫熊臣孫士毅

總校官臣陸費墀

欽定四庫全書

温氏母訓

明 温璜 録

窮秀才譴責下人至鞭扑而極矣暫行知警嘗用則翫

教兒子亦然

貧人不肯祭祀不通慶弔斯貧而不可返者矣祭祀絶是與祖宗不相往来慶弔絶是與親友不相往来名

曰獨夫天天人不祐

凡無子而寡者斷宜依向嫡姪為是老病終無他諉祭祀近有感通愛女愛壻決難到底同住到底免不得一番擾攘官司也

凡寡婦雖親子姪兄弟只在公堂議事不得孤召密囑寡居有婢僕者夜作明燈往来

少寡不必勸之守不必強之改自有直捷相法只看晏眠早起惡逸好勞忙忙地無一刻丟空者此必守志人也身勤則念專貧也不知愁富也不知樂便是鐵

石手段若有半晌偷閒老守終無結果吾有相法要訣曰寡婦勤一字經

婦女只許粗識柴米魚肉數百字多識字無益而有損也

貧人勿說大話婦人勿說漢話愚人勿說乖話薄福人勿說滿話職業人勿說閒話

凡人同堂同室同窻多年者情誼深長其中不無敗類之人是非自有公論在我當存厚道

世人眼赤赤只見黄銅白鐵受了斗米串錢便聲聲叫大恩德至如一鄉一族有大宰官當風抵浪的有博學雄才開人膽智的有高年先輩道貌誠心後生小子步其孝弟長厚終身受用不窮的這等大濟益處人却埋没不提纔是陰德

但願親戚人人豐足寧我隻貧自守若使一人富厚九族飢寒便是極缺陷處非大忍辱人不能周旋其間

周旋親友只看自家力量隨緣搭應窮親窮眷放他便

宜一兩處纔得消讒免謗

凡人說他兒子不肖還要照管伊父體面說他婆子不好還要照管伊夫體面

有一等人攛販風聞為害不小有一等人認定風聞指為左券布傳遠近有一等人直腸直口自謂不欺每為造言揑謗誘作先鋒為害更甚

貧家無門禁煞童女倚簾窺幕隣兒穿房入闥各以幼小不禁此家教不可為訓處

中年喪偶一不幸也喪偶事小正為續絃費處前邊兒女先將古来許多晚娘惡件填在胸坎這邊新婦父母保姆唆教自立馬頭兩邊閗雜人占風望氣弄去搬来外邊無干人聽得一句兩句只肯信歹不肯信好真是清官亦判斷不開不幸之苦全在於此然則如之奈何只要做家主的一者用心周到二者立身端正

人生只消受得一箇巴字日巴巴晚月巴巴圓農夫巴一年

科舉已三年官長已六年九年父已子子已孫已得歇得便是好漢子

凡父子姑息積成嫌隙畢竟上人要認一半過失其胸中橫豎道卑幼奈我不得

富家兄弟各門別户最易生嫌勤邀杯酒時常見面此亦遠讒間之法

貧人未能發跡先求自立只看幾人在坐偶失物件必指貧者為盜藪幾人在坐羣然作弄必指貧者為話

柄人若不能自立這些光景受也要你受不受也要你受

寡婦弗輕受人惠兒子愚我欲報而報不成兒子賢人望報而報不足

我生平不受人惠兩手拮据柴米不缺其餘有也挨過無也挨過

我生平不借債結會此念一起早夜見人不是

作家的將祖宗緊要做不到事補一兩件做官的將地

方緊要做不到事幹一兩件纔是男子結果高爵多金還不算是結果

人言日月相望所以為望還是月亮望日所以圓滿不久也你只看世人有貧人仰望富人的有小人仰望貴人的只好暫時照顧如十五六夜月耳安得時時償你缺陷待到月亮盡情烏有那時日影再来光顧些須此天上榜樣也貧賤求人時時滿望勢所必無可不三思

兒子是天生的不是打成的古云棒頭出肖子不知是銅打就銅器是鐵打就鐵器若把驢頭打作馬面有是理否

遠邪佞是富家教子第一義遠耻辱是貧家教子第一義至于科第文章總是兒郎自家本事

貴客下交寒素何必謝絶疏水往還大是美事只貴人減騶從便是相諒貧士少干求便是可久之道也

朋友通財是常事只恐無器量的承受不起所以在彼

名為恩在我當知感古來鮑子容得管子卻是管子容得鮑子譬如千尋松樹任他雨露繁滋挺挺承當得起

世間輕財好施之子每到骨肉反多恚吝其說有二他人蒙惠一絲一粒連聲叫感至親視為固然之事一不堪也他人至再至三便難啟口至親引為久常之例二不堪也但到此處正如啞子吃黃連說苦不得或兄弟而父母高堂或叔姪而翁姑尚在一團情分

礪斧難斷稍有念頭防其干涉杜其借貸將必牢拴門戶狠作聲氣把天心一副惻隐心腸葢藏殆盡方可坐視不救如此便比路人仇敵更進一層豈可如此汝深記我言

富貴之交意氣驟濃者當防其驟奪凡驟者不恒只平平自好

凡富家子弟交雜者雖在師位不可急離其交急離之則怨謗頓生不可顯斥其交顯斥之益固其合但當

正以自持相機而導

介告母曰古人治生為急一讀書生事畜矣母曰士農工商各執一業各人各治所生讀書便是生活

問介侃母高在何處介曰剪髮餉人人所難到母曰非也吾觀陶侃運甓習勞乃知其母平日教有本也

問介吾族多貧何也介曰北自葵軒公生四子分田一千六百畝令子孫六傳產費丁繁安得不貧母曰豈有子孫專靠祖宗過活天生一人自料一人衣祿若

肯高低各執一業大小自成結果今見各房子弟長袖大衫酒食安飽父母愛之不敢言勞雖使先人貽百萬貲坐困必矣

世人多被心腸好三字壞了假如你念頭要做好兒子須外面實有一般孝順行徑你念頭要做好秀才須外面實有一般勤苦行徑心腸是無形無影的有何憑據凡說心腸好者多是規避樣子

中等之人心腸定是無他只爲氣質粗慢語言鄙悖外

人不肯容恕當爾時豈得自恃無他將心唐突

世多誤認直字如汝讀書只曉讀書一路到底這便是直人汝自家著實讀書方說他人不肯讀書這便是直言令人謂直却是方底罵圓葢耳毒口快腸出爾反爾豈得直哉

貧家兒女無甚享用只有早上一揖高呌深恭大是恩至每見汝一勻便走慌慌張張有何情味

讀書到二三十歲定要見些些氣象便是著衣喫飯也算

人生一件事每見汝吃飯忙忙碌碌若無一絲空地

及至飯畢却又閒蕩可是有意思人

治生是要緊事汝與常兒不同吾辛苦到此幸汝成立

萬一飢寒切身外間論汝是何等人

人有父母妻子如身有耳目口鼻都是生而具的何可

不一經理只為俗物將精神意趣全副交與家緣這

便喚作家人不喚讀書人

貧富何常只要自身上通達得去是故貧當思通達不在

守分富當思通不在知足不闕祭享不失慶弔不斷書香此貧則思通之法也仗義周急尊師禮賢此富則思通之法也

勞如我不成怯症世無病怯者苦如我不成欝症世無病欝者

做人家切弗貪富只如俗言從容二字甚好富無窮極且如千萬人家浪費浪用儘有窘迫時節假若八口之家能勤能儉得十口貲粮六口之家能勤能儉得

八口貲粮便有二分餘剩何等寬舒何等康泰

過失與習氣相別偶一差錯只算過悮至再至三便成習非是處極要點察

凡親友急難切不可閉門坐視然亦不可執性莽做世間事不是件件幹得纔喚幹人

汝與朋友相與只取其長勿計其短如遇剛鯁人須耐他戾氣遇駿逸人須耐他罔氣遇樸厚人須耐他滯氣遇佻達人須耐他浮氣不徒取益無方亦是全交

之法

閉門課子非獨前程遠大不見匪人最是得力

堂上有白頭子孫之福

堂上有白頭故舊聯絡一也鄉黨信服二也子孫稟令僮僕遺規三也談說祖宗故事與郡邑先輩典型四也解和少年暴急五也照料瑣細六也

父子主僕最忌小處煩碎煩碎相對面目可憎

懶記帳籍亦是一病奴僕因緣為奸子孫猜疑成隙皆

由于此

家庭禮數貴簡而安不欲煩而勉富貴一層繁瑣一層繁瑣一分疎闊一分

人家子弟作揖高叫深恭絕好家法凡蒙師教初學須從此起

凡子弟每事一禀命于所尊便是孝弟

吾聞沈侍郎家法有客至呼子弟坐侍不設杯箸俟酒畢另與子弟嘗蔬同飯此蒙訓恭儉之方

曾祖母告誡汝祖汝父云人雖窮餓切不可輕棄祖基祖基一失便是落葉不得歸根之苦吾寧日日減餐一頓以守尺寸之土也出廚嘗以手捫鍋蓋不使兒女輩滅竈更燃令各房基地皆有變賣轉移獨吾家無恙豈容易得到今日念之念之

汝大父赤貧曾借朱姓者二十金買米以糊口逾年朱姓者病且篤朱為兩槐公紀綱不敢以私債使聞主人旁人私幸以為可負也時大父正容姑熟偶得朱

信星夜趕歸不至家竟持前欠本利至朱姓處朱已不能言大父徐徐出所持銀告之曰前欠一一具奉乞看過收明朱姓忽蹶起頌言曰世上有如君忠信人哉吾口眼閉矣願君世世生賢子孫言已氣絶大父遂哭別而歸家人詢知其還欠或駭之大父曰吾故駭所以不到家者恐為汝輩所惑也如此盛德汝曹可不書紳

問世間何者最樂母曰不放債不欠債的人家不大豐

不大歉的年時不奢華不盜賊的地方此最難得免飢寒的貧士學孝弟的秀才通文義的商賈知稼穡的公子舊面目的宰官此尤難得也

凡人一味好靜無故得謗凡人一味不拘無故得謗

凡寡婦不禁子弟出入房閣無故得謗寡婦盛飾容貌無故得謗婦人屢出燒香看戲無故得謗嚴刻僕隸菲薄鄉黨無故得謗

凡人家處前後嫡庶妻妾之間者不論是非曲直只有

塞耳閉口為高用氣性者自討苦喫

聯屬下人莫如減冗員而寬口食

做人家高低有一條活路便好

凡與人田產錢財交涉者定要隨時討箇決絕拖延生事

婦人不諳中饋不入廚堂不可以治家使婦人得以結伴聯社呈身露面不可以齊家

受謗之事有必要辨者有必不可辨者如係田產錢財

的遲則難解此必要辨者也如係閨閫的靜則自消此必不可辨者也如係口舌是非的人當自明此不必辨者也

凡人氣盛時切莫說道吾性子定要這樣的我今日定要這樣的驀直做去畢竟有搕撞

世間富貴不如文章文章不如道德却不知還有兩項壓倒在上面的一者名分賢子弟決難漫滅親長賢有司決難侮傲上臺一者氣運儘有富貴交著衰運

儘有文章遭著厄運儘有道德逢著末運聖賢卿相做不得自主

問介子夏問孝子曰色難如何解說介跪講畢母曰依我看來世間只有兩項人是色難有一項性急人烈烈轟轟凡事無不敏捷只有在父母跟前一味自張自主的氣質父母其實難當有一項性慢人落落拓拓凡事討盡便宜只有在父母跟前一番不痛不癢的面孔父母便覺難當

問介至于犬馬皆能有養不敬何以别乎如何解説介跪講畢母曰這箇敬字不要文縐縐説許多道理但是人子肯把犬馬二字常在心裏省覺便是恭敬孝順你看世上兒子凡日間任勞任重的都推與父母去做明明養父母直比養馬了凡夜間晏眠早起的都付與父母去守明明養父母直比養犬了將人比畜怪其不倫況把爹娘禽獸看待此心何忍禽獸父母誰肯承認却不知不覺日置父母于禽獸中也一

念及此通身汗下只消人子將父母禽獸分别出来

勾恭敬了勾孝順了

人當大怒大忿之後睡了一夜還要思量

温氏母訓跋

于石先生以崇禎丙子舉于鄉後更名璜舉癸未禮闈筮仕徽司疆事壞死之先帝后以節烈風萬世公夫長女從容就義實上媲休光焉遺集十二卷末述先訓乃母夫人陸所身教口授者信乎家法有素而賢母之造就不虛也夫顏訓袁範世稱善則類皆喆士之所修立未聞宮野垂誡踵季婦大家而有言也者有之自節孝始矣厚集繁重不利單行爰再付梓讀者其廣知奮

興焉

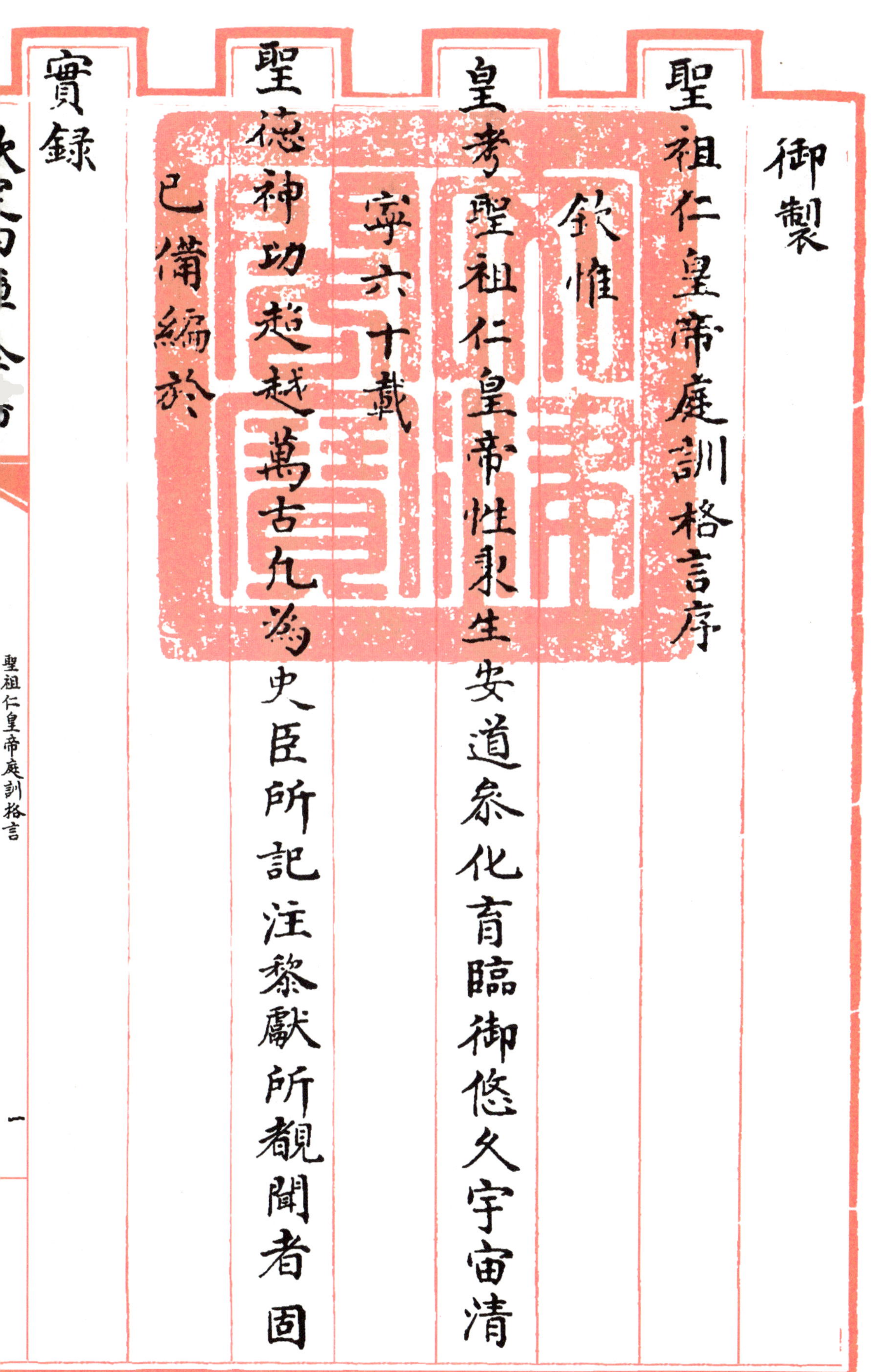

御製

聖祖仁皇帝庭訓格言序

欽惟

皇考聖祖仁皇帝性秉生安道參化育臨御悠久宇宙清

寧六十載

聖德神功超越萬古允為史臣所記注黎獻所覩聞者固

已備編於

實録

寶訓珍藏於金匱琅函裔裔皇皇盛矣大矣朕曩者偕諸

昆弟侍奉

宫庭親承

色笑每當視膳問安之暇

天顏怡悦倍切

恩勤提命諄詳鉅細悉舉其大者如對越

天

祖之精誠侍養

兩宮之純孝主敬存誠之奧義任人敷政之宏猷慎刑重穀之深仁行師治河之上畧圖書經史禮樂文章之淵博天象地輿歷律步算之精深以及治内治外養性養身射御方藥諸家百氏之論說莫不隨時示訓遇事立言字字切於身心語語垂為模範蓋由我

皇考質本生知而加以好學聖由天縱而益以多能舉天地間萬事萬物之理融會貫通以其得之於心者宣為至教視聽言動悉合經常飲食起居咸成矩度而

聖慈篤摯啟迪周詳涵育薰陶循循善誘朕四十年來祇
聆默識夙夜凜遵仰荷纘承益圖繼述追思疇昔天
倫之樂緬懷叮嚀告戒之言既歷歷以在心尚洋洋
其盈耳謹與誠親王允祉等記録各條萃會成編恭
名為
庭訓格言於戲
聖謨弘遠包涵無際以今所紀揆昔所聞僅存什一於千
百闕畧甚多實深愧悚然而是編也文辭精要意旨

深長苟能引伸而擴充之則片語能含衆義隻字可括千言雖卷帙簡約而格致誠正修齊治平之道罔弗兼該堯舜禹湯文武周孔之傳一以貫之矣爰奉秘集壽之琬琰以昭垂於億萬世書曰監於先王成憲其永無愆詩曰詒厥孫謀以燕翼子勗哉後嗣恪循

祖訓念茲罔斁受益靡窮世世子孫尚其永久敬承哉謹序

欽定四庫全書　　子部一

聖祖仁皇帝庭訓格言　　儒家類

提要

臣等謹案聖祖仁皇帝庭訓格言雍正八年世宗憲皇帝親編凡二百四十有六則皆實録聖訓所未及載者蓋我

聖祖仁皇帝臨御悠久
世宗憲皇帝至孝承顏於
問安視膳之暇祇聆默識
神會心融逮
嗣服後著録成編
製序刊布昭垂奕禩真以
家法爲
治法者臣等校録之餘仰見

聖

聖相承

垂謨貽範之盛㑹絶萬古云乾隆四十九年四月恭

校上

總纂官臣紀昀臣陸錫熊臣孫士毅

總校官臣陸費墀

提要

聖祖仁皇帝庭訓格言

訓曰元旦乃履端令節生日為載誕昌期皆係喜慶之辰宜心平氣和言語吉祥所以朕於此等日必欣悦以酬令節

訓曰吾人凡事惟當以誠而無務虚名朕自幼登極凡祀壇廟禮神佛必以誠敬存心即理事務對諸大臣總以實

心相待不務虛名故朕所行事一出於真誠無纖毫虛飾

訓曰凡人於事務之來無論大小必審之又審方無遺慮故孔子云不曰如之何如之何者吾末如之何也已矣誠至言也

訓曰人君以天下之耳目為耳目以天下之心思為心思何患聞見之不廣舜惟好問好察故能明四目達四聰所以稱大智也

訓曰凡天下事不可輕忽雖至微至易者皆當以慎重處之慎重者敬也當無事時敬以自持而有事時即敬以應事務必謹終如始慎修思永習而安焉自無廢事蓋敬以存心則心體湛然居中即如主人在家自能整飭家務此古人所謂敬以直內也禮記篇首以毋不敬冠之聖人一言至理備焉

訓曰為人上者用人雖宜信然亦不可遽信在下者常視上意所嚮而巧以投之一有偏好則下必投其所

好以誘之朕於諸藝無所不能爾等曾見我偏好一藝乎是故凡藝俱不能溺我

訓曰凡看書不為書所愚始善即如董子所云風不鳴條雨不破塊謂之昇平世界果使風不鳴條則萬物何以鼓動發生雨不破塊則田畝如何耕作布種以此觀之俱係粉飾空文而已似此者皆不可信以為真也

訓曰朕八歲登極即知黽勉學問彼時教我句讀者有

張林二內侍俱係明時多讀書人其教書惟以經書為要至於詩文則在所後及至十七八更篤於學逐日未理事前五更即起誦讀日暮理事稍暇復講論琢磨竟至過勞痰中帶血亦未少輟朕少年好學如此更耽好筆墨有翰林沈荃素學明時董其昌字體曾教我書法張林二內侍俱及見明時善於書法之人亦常指示故朕之書法有異於尋常人者以此

訓曰節飲食慎起居實卻病之良方也

訓曰凡人修身治心皆當謹於素日朕於六月大暑之時不用扇不除冠此皆平日不自放縱而能者也

訓曰汝等見朕於夏月盛暑不開牕不納風涼者皆因自幼習慣亦由心靜故身不熱此正古人所謂但能心靜即身涼也且夏月不貪風涼於身亦大有益蓋夏月盛陰在內倘取一時風涼之適意反將暑熱閉於腠理彼時不覺其害後來或致成疾每見人秋深多有肚腹不調者皆因外貪風涼而内閉暑熱之所

致也

訓曰凡人養生之道無過於聖人所留之經書故朕惟訓汝等熟習五經四書性理誠以其中凡存心養性立命之道無所不具故也看此等書不勝於習各種雜學乎

訓曰書經者虞夏商周治天下之大法也書傳序云二帝三王之治本於道二帝三王之道本於心得其心則道與治固可得而理矣葢道心為人心之主而心

法爲治法之原精一執中者堯舜禹相授之心法也建中建極者商湯周武相傳之心法也德也仁也敬與誠也言雖殊而理則一所以明此心之微妙也帝王之家所必當講讀故朕訓教汝曹皆令誦習然書雖以道政事而上而天道下而地理中而人事無不備於其間實所謂貫三才而亘萬古者也言乎天道虞書之治歷明時可驗也言乎地理禹貢之山川田賦可考也言乎君道則典謨訓誥之微言可詳也言

乎臣道則都俞吁咈告誡敷陳之忠誠可見也言乎
理數則箕子洪範之九疇可敘也言乎修德立功則
六府三事禮樂兵農歷歷可舉也然則帝王之家固
必當講讀即仕宦人家有志於事君治民之責者亦
必當講讀孟子曰欲為君盡君道欲為臣盡臣道二
者皆法堯舜而已矣在大賢希聖之心言必稱堯舜
朕則兢業自勉惟思體諸身心措諸政治勿負乎天
佑下民作君作師之意已耳

訓曰子曰鬼神之為德其盛矣乎使天下之人齊明盛服以承祭祀洋洋乎如在其上如在其左右蓋明有禮樂幽有鬼神然敬鬼神之心非為禍福之故乃所以全吾身之正氣也是故君子修德之功莫大乎主敬內主於敬則非僻之心無自而動外主於敬則惰慢之氣無自而生念念敬斯念念正時時敬斯時時正事事敬斯事事正君子無在而不敬故無在而不正詩曰明明在下赫赫在上維此文王小心翼翼昭

事上帝聿懷多福其斯之謂與

訓曰凡理大小事務皆當一體留心古人所謂防微杜漸者以事雖小而不防之則必漸大漸而不杜必至於不可杜也

訓曰仁者以萬物為一體惻隱之心觸處發現故極其量則民胞物與無所不周而語其心則慈祥愷悌隨感而應凡有利於人者則為之凡有不利於人者則去之事無大小心自無窮盡我心力隨分各得也

訓曰仁者無不愛凡愛人愛物皆愛也故其所感甚深所及甚廣在上則人咸戴焉在下則人咸親焉已逸而必念人之勞已安而必思人之苦萬物一體痌瘝切身斯為德盛而仁至

訓曰凡人孰能無過但人有過多不自任為過朕則不然於閒言中偶有遺忘而誤怪他人者必自任其過而曰此朕之誤也惟其如此使令人等竟至為所感動而自覺不安者有之大凡能自任過者大人居多

也

訓曰虞書云宥過無大孔子云過而不改是謂過矣凡人孰能無過若過而能改即自新遷善之機故人以改過為貴其實能改過者無論所犯事之大小皆不當罪之也

訓曰曩者三逆未叛之先朕與議政諸王大臣議遷藩之事內中有言當遷者有言不可遷者然在當日之勢遷之亦叛即不遷亦叛遂定遷藩之議三逆既叛

大學士索額圖奏曰前議三藩當遷者皆當正以國法朕曰不可廷議之時言三藩當遷者朕實主之今事至此豈可歸過於他人時在廷諸臣一聞朕旨莫不感激涕零心悅誠服朕從來諸事不肯委罪於人矧軍國大事而肯卸過於諸大臣乎

訓曰爾等凡居家在外惟宜潔淨人平日潔淨則氣清著身若近污穢則為濁氣所染而清明之氣漸為所蒙蔽矣

訓曰朕幼年習射耆舊人教射者斷不以朕射為善諸人皆稱曰善彼獨以為否故朕能騎射精熟爾等甚不可被虛意承順讚美之言所欺諸凡學問皆應以此存心可也

訓曰人多强不知以為知乃大非善事是故孔子云知之為知之不知為不知朕自幼即如此每見高年人必問其已往經歷之事而切記於心決不自以為知而不訪於人也

訓曰人心虛則所學進盈則所學退朕生性好問雖極粗鄙之夫彼亦有中理之言朕於此等決不遺棄必捜其源而切記之並不以為自知自能而棄人之善也

訓曰朕自幼讀書間有一字未明必加尋繹務至明愜於心而後已不特讀書為然治天下國家亦不外是也

訓曰讀古人書當審其大義之所在所謂一以貫之也

若其字句之間即古人亦自有異同不必指摘辨駁以自伸一偏之說

訓曰讀書以明理為要理既明則中心有主而是非邪正自判矣遇有疑難事但據理直行得失俱可無愧書云學于古訓乃有獲凡聖賢經書一言一事俱有至理讀書時便宜留心體會此可以為我法此可以為我戒久久貫通則事至物來隨感即應而不待思索矣

訓曰易云日新之謂盛德學者一日必進一步方不虛度時日大凡世間一技一藝其始學也不勝其難似萬不可成者因置而不學則終無成矣所以初學貴有決定不移之志又貴有勇猛精進之心尤貴有貞常永固不退轉之念人苟能有決定不移之志勇猛精進而又貞常永固毫不退轉則凡技藝焉有不成者哉

訓曰子曰吾十有五而志於學聖人一生只在志學一

言又實能學而不厭此聖人之所以為聖也千古聖賢與我同類人何為甘於自棄而不學苟志於學希賢希聖孰能禦之是故志學乃作聖之第一義也

訓曰子曰志於道夫志者心之用也性無不善故心無不正而其用則有正不正之分此不可不察也夫子以天縱之聖猶必十五而志於學蓋志為進德之基昔聖昔賢莫不發軔乎此志之所趨無遠弗屆志之所嚮無堅不入志於道則義理為之主而物欲不能

移由是而據於德而依於仁而游於藝自不失其先後之序輕重之倫本末兼該內外交養涵泳從容不自知其入於聖賢之域矣

訓曰凡人盡孝道欲得父母之歡心者不在衣食之奉養也惟持善心行合道理以慰父母而得其歡心斯可謂真孝者矣

訓曰孝經一書曲盡人子事親之道為萬世人倫之極誠所謂天之經地之義民之行也推原孔子所以作

經之意益深望夫後之儒者身體力行以助宣教化而敦厚風俗其旨甚遠其功甚宏學者自當留心誦習服膺弗失可也

訓曰為臣子者果能盡心體貼君親之意凡事一出於至誠未有不得君親之歡心者昔日

太皇太后駕詣五臺因山路難行乘車不穩朕命備八人煖轎

太皇太后天性仁慈念及校尉請轎步履維艱因欲易車

朕勸請再三

聖意不允朕不得已命轎近隨車行行不數里朕見

聖躬乘車不甚安穩因請乘轎

聖祖母云予已易車矣未知轎在何處焉得即至朕

奏曰轎即在後隨令進前

聖祖母喜極拊朕之指稱賛不已曰車轎細事且道途之

間汝誠意無不懇到實為大孝蓋深愜

聖懷而降是歡愛之旨也可見凡為臣子者誠敬存心實

心體貼未有不得君親之歡心者也

訓曰朕為天下君何求而不得現今朕之衣服有多年者並無纖毫之玷裏衣亦不至少污雖經月服之亦無汗跡此朕天稟之潔淨也若在下之人能如此則凡衣服不可以長久服之乎

訓曰老子曰知足者富又曰知足不辱知止不殆可以長久奈何世人衣不過被體而衣千金之裘猶以為不足不知鶉衣縕袍者固自若也食不過充腸羅萬

錢之食猶以為不足不知簞食瓢飲者固自樂也朕念及於此恒自知足雖貴為天子而衣服不過適體富有四海而每日常膳除賞賜外所用肴饌從不兼味此非朕勉強為之實由天性自然汝等見朕如此儉德其共勉之

訓曰嘗聞明代宮闈之中食御浩繁掖庭宮人幾至百千小有營建動費巨萬今以我朝各宮計之尚不及當日妃嬪一宮之數我朝外廷軍國之需與明代畧

相髣髴至於宮闈中服用則一年之用尚不及當日一月之多蓋深念民力惟艱國儲至重祖宗相傳家法勤儉敦樸為風古人有言以一人治天下不以天下奉一人以此為訓不敢過也

訓曰冠帽乃元服最尊今或有下賤無知之人將冠帽置之靴襪一處最不合禮滿洲從來舊規亦最忌此

訓曰如朕為人上者欲法令之行惟身先之而人自從即如喫煙一節雖不甚關係然火燭之起多由於此

故朕時時禁止然朕非不會喫煙幼時在養母處頗善於喫煙今禁人而已不禁將何以服人因而永不用也

訓曰有子曰禮之用和為貴先王之道斯為美小大由之有所不行知和而和不以禮節之亦不可行也蓋禮以嚴分而和以通情分嚴則尊卑貴賤不踰情通則是非利害易達齊家治國平天下何一不由於斯

訓曰學問無他惟在存天理去人欲而已天理乃本然

之樂有生之初天之所賦畀也人欲是有生之後因氣禀之偏動於物縱於情乃人之所為非人之固有也是故閑邪存誠所以持養天理隄防人欲省察克治所以辨明天理決去人欲若能操存涵養愈精愈密則天理常存而物欲盡去矣

訓曰曩者三孽作亂朕料理軍務日昃不遑持心堅定而外則示以暇豫每日出遊景山騎射彼時滿洲兵俱已出征餘者盡係老弱遂有不法之人投帖於景山

路旁云今三孽及察哈爾叛亂諸路征討當此危殆之時何心每日出遊景山如此造言生事朕置若罔聞不久三孽及察哈爾俱已剿滅當時朕若稍有疑懼之意則人心揺動或致意外未可知也此皆

上天垂佑

祖宗神明加護令朕能堅心籌畫成此大功國已至甚危而獲復安也自古帝王如朕自幼閱歷艱難者甚少今海内承平迴思前者數年之間如何閲歷轉覺悚

然可懼矣古人云居安思危正此之謂也

訓曰今天下承平朕猶時刻不倦勤修政事前三孼作亂時因朕主見專誠以致成功惟大兵永興被困之際至信息不通朕心憂之現於詞色一日議政王大臣入内議軍旅事奏畢僉出有都統畢立克圖獨留向朕云臣覩陛下近日天顔稍有憂色上試思之我朝滿洲兵將若五百人合隊誰能抵敵不日永興之師捷音必至陛下獨不觀

太祖太宗予為軍旅之事臣未見眉顰一次皇上若如此則懦怯不及祖宗矣何必以此為憂也朕甚是之不日永興捷音果至所以朕從不敢輕量人謂其無知凡人各有識見常與諸大臣言但有所知所見即以奏聞言合乎理朕即嘉納都統畢立克圖漢伏好且極其誠實人也

訓曰大雨雷霆之際決毋立於大樹下昔老年人時時

告誡朕親眼常見汝等記之

訓曰世人皆好逸而惡勞朕心則謂人恒勞而知逸若安於逸則不惟不知逸而遇勞即不能堪矣故易有云天行健君子以自強不息由是觀之聖人以勞為福以逸為禍也

訓曰世人秉性何等無之有一等拗性人人以為好者彼以為不好人以為是者彼反以為非此等人似乎忠直如或用之必然僨事故古人云好人之所惡惡

人之所好是謂拂人之性菑必逮夫身者此等人之謂也

訓曰古人有言反經合理之謂權先儒亦有論其非者蓋天下止有一經常不易之理時有推遷世有變易隨時斟酌權衡輕重而不失其經此即所謂權也豈有反經而謂之行權者乎

訓曰大凡貴人皆能久坐朕自幼年登極以至於今日與諸臣議論政事或與文臣講論書史即與爾等家

庭閒暇談笑皆儼然端坐此乃朕躬自幼習成素日涵養之所致孔子云少成若天性習慣如自然其信然乎

訓曰出外行走駐營之處最為緊要若夏秋間雨水可慮必覓高原凡近河灣及窪下之地斷不可住冬春則火荒可慮但覓草稀背風處若不得已而遇草深之地必於營外周圍將草刈除然後可住再有人先曾止宿之舊基不可住或我去時立營之處回途至

此亦不可再住如是之類我朝舊例皆為大忌

訓曰走遠路之人行數十里馬既出汗斷不可飲之水秋季猶可春時雖無汗亦不可令飲若飲之其馬必得泄疾汝等切記

訓曰天道好生人一生行善則福履自至觀我朝及古行兵之王公大臣內中頗有建立功業而行軍時曾多殺人者其子孫必不昌盛漸至衰敗由是觀之仁者誠為人之本與

訓曰凡人處世惟當尋常歡喜歡喜處自有一番吉祥景象葢喜則動善念怒則動惡念是故古語云人生一善念善雖未為而吉祥已隨之人生一惡念惡雖未為而凶神已隨之此誠至理也夫

訓曰人心一念之微不在天理便在人欲是故心存私便是放不必逐物馳騖然後為放也心一放便是私不待縱情肆欲然後為私也惟心不為耳目口鼻所役始得泰然故孟子曰耳目之官不思而蔽於物物

交物則引之而已矣心之官則思思則得之不思則不得也此天之所以與我者先立乎其大者則其小者不能奪也此為大人而已矣

訓曰大學中庸俱以慎獨為訓是為聖賢第一要節後人廣其說曰暗室不欺所謂暗室有二義焉一在私居獨處之時一在心曲隱微之地夫私居獨處則人不及見心曲隱微則人不及知惟君子謂此時指視必嚴也戰戰慄慄兢兢業業不動而敬不言而信斯

誠不愧於屋漏而為正人也夫

訓曰為人上者教子必自幼嚴飭之始善看來有一等王公之子幼失父母或人惟有一子而愛惜過甚其家下僕人多方引誘百計奉承若如此嬌養長大成人不至癡獃無知即多任性狂惡此非愛之而反害之也汝等各宜留心

訓曰人之才行當辨其大小在大位者稱其清廉可矣若使役人等亦可加以清廉之名守朕曾於護軍驍

騎中問其人如何而侍衛有以端密對者軍卒人等豈堪當此端密乃居大位之美稱軍卒止可言其樸實耳

訓曰爾等平日當時常拘管下人莫令妄干外事留心敬慎為善斷不可聽信下賤小人之語彼小人遇便宜處但顧利己不恤惡名歸於爾等也一時不謹可乎

訓曰凡人存善念天必綏之福祿以善報之今人日持

念珠念佛欲行善之故也苟惡念不除即持念珠何益

訓曰近世之人以不食肉為持齋豈知古人之齋必與戒竝行易繫辭曰齋戒以神明其德所謂齋者齋也齋其心之所不齊也所謂戒者戒其非心妄念也古人無一日不齋無一日不戒而今之人以每月之每日其日持齋已與古人有間然持齋固為善事可以感發人之善念第不知其戒心何如耳

訓曰世上人心不一有一種人不記人之善專記人之惡視人有醜惡事轉以為快樂如自得奇物者然此等幸災樂禍之人不知其心之何以生而怪異如是也汝等當以此為戒

訓曰國初人多畏出痘至朕得種痘方諸子女及爾等子女皆以種痘得無恙今邊外四十九旗及喀爾喀諸藩俱命種痘凡所種皆得善愈嘗記初種時年老人尚以為怪朕堅意為之遂全此千萬人之生者豈

偶然耶

訓曰人惟一心起為念慮念慮之正與不正只在頃刻之間若一念之不正頃刻而知之即從而正之自不至離道之遠書曰惟聖罔念作狂惟狂克念作聖一念之微靜以存之動則察之必使俯仰無愧方是實在工夫是故古人治心防於念之初生情之未起所以用力甚微而收功甚鉅也

訓曰人之為聖賢者非生而然也葢有積累之功焉由

有恒而至於善人由善人而至於君子由君子而至於聖人階次之分視乎學力之淺深孟子曰夫仁亦在乎熟之而已矣積德累功者亦當求其熟也是故有志為善者始則充長之繼則保全之終身不敢退然後有日增月益之效故至誠無息不息則久久則徵徵則悠遠悠遠則博厚博厚則高明其功用豈可量哉

訓曰朕自幼不喜飲酒然能飲而不飲平日膳後或遇

年節筵宴之日止小杯一杯人有點酒不聞者是天性不能飲也如朕之能飲而不飲始為誡不飲者大抵嗜酒則心志為其所亂而昏昧或致疾病實非有益於人之物故先后以旨酒為深戒也

訓曰原夫酒之為用所以祀神也所以養老也所以獻賓也所以合歡也其用固不可少然而沈酣湎溺不時不節則不可是故先王因為酒禮賓主交錯揖讓升降溫溫其恭威儀反反立監佐史常以三爵為限

況敢多飲乎此先王之所以戒酒失也奈何今之人無故而飲飲必醉而後已富家子弟敗家破産身羅疾厄皆由於此而貧窮者纔得幾文便沽酒盡醉行兇遭禍抑何比比故周書以酒為誥而曰我民用大亂喪德亦罔非酒惟行

訓曰禮義之心人皆有之未有安心為非而逆乎人道者也若或有之不過百中一二然此輩亦有所由起或有負氣而縱者或有使酒而縱者夫負氣者猶知

顧忌而使酒者竟毫無所畏此非其人為之而酒為之也故古之聖王遠焉賢士戒焉世之好飲者樂酒無厭心恒狂亂遂至形骸顛倒禮法喪失其為敗德何可勝言是故朕諄諄教飭爾等斷不可耽於酒者正為傷身亂行莫此為甚也

訓曰人之養身飲食為要故所用之水最切朕所經歷多矣每將各地之水稱其輕重因知水最佳者其分兩甚重若遇不得好水之處即蒸水以取其露烹茶

飲之澤布尊旦巴瑚圖克圖多年以來所用皆係水蒸之露也

訓曰朕避暑時曾於烏城熱河等處捕魚見侍衛執事人中年紀幼小者憐其未習於水每懷怵惕故朕諸子自幼俱令其習水即習之未精者較之若輩亦大不同所以行船涉水總不為汝等牽掛也可見為人凡學一藝必於自身有益我朝先輩嘗言一粒之藝於身有益誠謂是與

訓曰今外邊之無賴小人及太監等慣詈罵人且動輒發誓亦如罵人之語皆出自口我等為人上者斷乎不可或使令之輩有過小則責之大則扑之詈罵之亦奚為污穢之言輕出自口所損大矣爾等切記之

訓曰凡人不能無好惡但能勝其私心則善誠見善而好之見惡而惡之則不能牽累吾心矣人於喜怒亦然喜時不能不遇可怒之事怒時不能不遇可喜之事是故大學云忿懥好樂皆難得其正者此之謂也

訓曰人生於世無論老少雖一時一刻不可不存敬畏之心故孔子曰君子畏天命畏大人畏聖人之言我等平日凡事能敬畏于長上則不得罪於朋儕則不召過且於養身亦大有益嘗見高年有壽者平日俱極敬慎即於飲食亦不敢過度平日居處尚且如是遇事可知其慎重也

訓曰古聖人所道之言即經所行之事即史開卷即有益於身爾等平日誦讀及教子弟惟以經史為要夫

吟詩作賦雖文人之事然熟讀經史自然次第能之幼學斷不可令看小說小說之事皆敷演而成無實在之處令人觀之或信為真而不肖之徒竟有效法行之者彼焉知作小說者譬喻指點之本心哉是皆訓子要道爾等其切記之

訓曰詩之為教也所從來遠矣昔在虞庭命夔為典樂之官以教冑子曰詩言志蓋人性情之發不能無所寄託而詩則觸於境而宣於言者也自夫子刪定而

後三百篇之旨粲然可觀採之里巷者為風陳之朝廷者為雅薦之郊廟者為頌觀其美刺而善惡之鑒昭矣觀其正變而隆替之治判矣觀其聲歌下管閒歌合樂之所咏嘆而祖功宗德之實著矣千載而下因言識心故曰可興可觀可羣可怨也夫子雅言之教稱引誦說惟詩最多如大學中庸孝經篇末必引詩以詠歎之亦以見古人之斯須不離乎詩也思夫伯魚過庭之訓小子何莫學夫詩之教則凡有志於

學者豈可不以學詩為要乎

訓曰禮之係於人也大矣誠為範身之具而興行起化之原也禮儀三百威儀三千大而冠昏喪祭朝聘射饗之規小而揖讓進退飲食起居之節君臣上下賴之以序夫婦內外賴之以辨父子兄弟婚媾姻婭賴之以順而成故曰動容中禮而天德備矣治定制禮而王道成矣禮經傳之者十三家而戴德戴聖為尤著聖所傳四十九篇即今之禮記是也其餘四十七

篇雖雜出於漢儒之說亦皆傳述聖門格言有切於身心之要旨爾等所習本經既熟正當學禮孔子曰不學禮無以立其宜勉之

訓曰為人上者使令小人固不可過於嚴厲而亦不可過於寬縱如小過誤可以寬者即寬宥之罪之不可寬者彼時即懲責訓導之不可記恨若當下不懲責時常瑣屑蹂踐則小人恐懼無益事也此亦使人之要汝等留心記之

訓曰孔子云惟女子與小人為難養也近之則不孫遠之則怨此言極是朕恒見宮院內賤輩因稍有勤勞些須施恩伊必狂妄放縱生一事故將前所言是處盡棄而後已及遠置之伊又背地含怨古聖何以知之而為是言耶凡使人者皆宜深省此言也

訓曰太監原為宮中使令以備灑掃而已斷不可使其干預外事朕宮中之太監總不令在外行走有告假者日中出去晚必進內即朕御前近侍之太監等不

過左右使令家常閒談笑語從不與言國家之政事也

訓曰兵書云爲將之道當身先士卒前者噶爾丹以追喀爾喀爲名闌入邊界朕計安藩服親統六師由中路進兵逐日侵晨起行日中駐營又慮大兵遠討糧米爲要傳令諸營將士每日一餐朕亦每日進膳一次未駐營時必先令人詳審水草或有乏水處則鑿井開泉蓄積澄流務使人馬給足竟有原無水處忽

爾清泉流出導之可致數里人馬資用不竭一近克魯倫河即身率侍衛前鋒直擣其巢大兵隨後依次而進噶爾丹聞朕親統大兵忽自天臨魂膽俱喪即行逃竄恰遇西師於昭木多一戰而大破之此皆由朕上得天心出師有名故爾新泉涌出山川靈應以致數十萬士卒車馬各各安全三月之間振旅凱旋而成茲大功也

訓曰兵丁不可令習安逸惟當教之以勞時常訓練使

步伐嚴明部伍熟習管子所謂晝則目相視而相識夜則聲相聞而不乖也如是則戰勝攻取有勇知方故勞之適所以愛之教之以勞真乃愛兵之道也不但將兵如是教民亦然故國語曰夫民勞則思思則善心生逸則淫淫則忘善忘善則惡心生沃土之民不材淫也瘠土之民莫不嚮義勞也

訓曰我等時居塞外常飲河水然平時不妨但夏日山水初發深當戒慎此時飲之易生疾病必得大雨一

二次後山中諸物盡被滌蕩然後潔清可飲

訓曰朕每歲巡行臨幸處居人各進本地所產菜蔬嘗喜食之高年人飲食宜淡薄每兼菜蔬食之則少病於身有益所以農夫身體強壯至老猶健者皆此故也

訓曰嘗觀宋史孝宗月四朝太　上皇稱為盛事孝宗於宋固為敦倫之主然而上皇在御自當乘暇問視豈可限定朝見之期朕事

皇太后五十餘年總以家庭常禮出乎天倫至性遇有事

奏啟一日二三次進見者有之或無事即間數日者有之至於

萬壽誕辰嘉時令節朕備家宴恭請臨幸則自晨至暮左右奉侍豈止日覲數次朕之巡狩江南出獵塞北也隨本報三日一次恭請

聖安外仍使近侍太監乘傳請

安並進所獲鹿麅雉兔鮮果鮮魚之類凡有所得即令馳

進從不拘定日期且朕侍皇太后家人禮數惟以順適為安自然為樂並不以朝見日期限定禮法而稱孝也

訓曰嘗閱明宣宗實録其奉事母后和敬有禮至今覽之猶足令人感慕朕嘗思先王以孝治天下故夫子稱至德要道莫加於此自唐宋以來人君往往疏於定省有經年不一見者獨不思朝夕承歡自天子以至於庶人家庭常禮出於天倫至性何嘗以上下而

有别也

訓曰諸樣可食果品於正當成熟之時食之氣味甘美亦且宜人如我為大君下人各欲盡其微誠故爭進所得初出鮮果及菜蔬等類朕只略嘗而已未嘗食一次也必待其成熟之時始食之此亦養身之要也

訓曰朕於凡事必存心分别吉凶如簡用大臣陞轉職官本章必置之於案或置之於牀若夫刑部人命事件暫留中細閱者必别置一處決不與吉事相叅朕

於此等處如此留心者吉凶異道不得相干故也

訓曰頃因刑部彙題内有一字錯悞朕以硃筆改正發出各部院本章朕皆一一全覽外人謂朕未必通覽每多疏忽故朕於一應本章見有錯字必行改正翻譯不堪者亦改削之當用兵時一日三四百本章朕悉親覽無遺今每日不過四五十本而已覽之何難一切事務總不可稍有懈慢之心也

訓曰世間事甚不如意者莫過於決斷秋審一事夫殺

人之人理應償命但為人君者於殺人之事必以哀矜之心處之故朕每理秋審之事無一不竭盡心力而詳審之也

訓曰爾等見朕時常所使新滿洲數百勿易視之也昔者

太祖

太宗之時得東省一二人即如珍寶愛惜眷養朕自登極以來新滿洲等各帶其佐領或合族來歸順者

太皇太后聞之向朕曰此雖爾祖上所遺之福亦由爾撫柔遠人教化普遍方能令此輩傾心歸順也豈可易視之聖祖母因喜極降是旨也

訓曰王師之平蜀也大破逆賊王屏藩於保寧獲苗人三千皆釋而歸之及進兵滇中吳世璠窮蹙遣苗人濟師以拒我苗不肯行曰天朝活我恩德至厚我安忍以兵刃相加遺耶夫苗之獷悍不可以禮義馴束

宜若天性然者一旦感恩懷德不忍輕倍主上有內地士民所未易能者而苗顧能之是可取也予輿氏不云乎以力服人者非心服也力不贍也以德服人者中心悅而誠服也寧謂苗異於人而不可以德服也耶

訓曰凡人於無事之時常如有事而防範其未然則自然事不生若有事之時卻如無事以定其慮則其事亦自然消滅矣古人云心欲小而膽欲大遇事當如

此處之

訓曰凡大人度量生成與小人之心志迥異有等小人滿口惡言講論大人或者背面毀謗日後必遭罪譴朕所見最多可見天道雖隱而其應實不爽也

訓曰孟子云存乎人者莫良於眸子眸子不能掩其惡胸中正則眸子瞭焉胸中不正則眸子眊焉此誠然也看來人之善惡係於目者甚顯非止眸子之明暗有人焉其視人也常有一種徬徨不定之態則其人

必不正我朝滿洲耆舊亦甚賤此等人

訓曰凡人行住坐卧不可回顧斜視論語曰車中不内顧禮曰目容端所謂内顧即回顧也不端即斜視也此等處不但關於德容亦且有犯忌諱我朝先輩老人亦以行走回顧之人為大忌諱時常言之以為戒也

訓曰道理之載於典籍者一定而有限而天下事千變萬化其端無窮故世之苦讀書者往往遇事有執泥

處而經歷事故多者又每遂事圓通而無定見此皆一偏之見朕則謂當讀書時須要體認世務而應事時又當據書理而審其事宜如此方免二者之弊

訓曰孔子云先行其言而後從之而宋周程張朱諸儒皆能勉行道學之實其議論皆發明先聖先賢之奥旨又若司馬光乃宋朝名相觀其編輯資治通鑑論斷古今盡得其當可謂言行相符然自未嘗博道學之名也今人講道學者徒尚語言文字而尤好非議

人非惟言行不符而言之有實者蓋亦寡矣朕不尚空言惟務實行尤不肯非議人蓋以人各有短長棄其所短而取其所長始能盡人之材若必求全責備稍有欠缺即行指摘非忠恕之道也

訓曰人生於世最要者惟行善聖人經書所遺如許言語惟欲人之善神佛之教亦惟以善引人後世之學每每各向一偏故爾彼此如讐敵也有自謂道學入神佛寺廟而不拜自以為得真傳正道此皆學未至

而心有偏以正理度之神佛者皆古之至人我等禮之敬之乃理之當然也即今天下至大神佛寺廟不可勝數何寺廟而無僧道若以此輩皆為異端使盡還俗不但一時不能而許多人將何以聊其生耶

訓曰老者嘗云人至高年則不能耐暑朕於此言常在疑信之間厥後年至五旬即不能耐暑些須受熱則內煩悶而不能堪細思其故蓋由人年壯血氣強盛水火平均所以不顯年高血氣衰敗水不能勝火故

不能耐暑爾等此時還不在意至年漸高自覺之矣

訓曰有人見朕之鬚白言有烏鬚良方朕曰我等自幼凡祭祀時嘗以鬚鬢至白牙齒盡黃為祝今幸而鬚鬢白矣不思福履所綏而反怨老之將至有是理乎

訓曰我朝先輩有言老人牙齒脫落者於子孫有益此語誠然數年前朕詣寧壽宮請安皇太后向朕問治牙痛方言牙齒動搖其已脫落者則痛

止其未脫落者痛難忍朕因
奏曰
太后聖壽已踰七旬孫及曾孫殆及百餘且
太后之孫皆已鬚髮將白而牙齒將落矣何況
祖母享如是之高年我朝先輩常言老人牙齒脫落於子
孫有益此正
太后慈闈福澤綿長之嘉兆也
皇太后聞朕之言歡喜倍常謂朕言極當稱贊不已且言

皇帝此語凡如我老媪輩皆當聞之而生歡喜也

訓曰記云昏定晨省者言為子之所以竭盡孝心耳人當究其本意不可徒泥其辭必循其跡以行之如朕子孫眾多逐日早起問安汝子又早起問汝之安日暮又如此相繼問安不但爾等無飲食之暇即朕亦將終日不得一飯之暇也決非可行之事由此觀之凡人讀書俱究其本意而得之於心可也

訓曰易為四聖之書其立象設卦繫辭廣大悉備言其

理則無所不該言其用則自昔伏羲神農黃帝堯舜王天下之道咸取諸此然而深探作易之旨大抵不外陰陽而配諸人事則有吉凶悔吝之別運數所由盛衰風俗所由治亂君子小人所由進退消長鮮不於奇偶二畫屈伸變易之間見之朕惟經學為治法之要而詩書之文禮樂之具春秋之行事罔不於易會通故朕研求易理玩索精蘊前命儒臣參考諸儒註疏傳義撰為日講易經解義又命大學士李光地

纂修周易折中乙夜披覽一字一畫斟酌無忽誠以易之為書有觀民設教之方有通德類情之用恐懼修省以治身思患豫防以維世所以極天人窮性命開物前民通變盡利者其理莫詳於易故孔子嘗曰加我數年五十以學易蓋言凡為學者不可以不學而學又不可易視之也

訓曰凡事只空談若不眼見終屬無用詩云伯氏吹壎仲氏吹篪然而實見壎篪者有幾人一歲除日乾清

宮正陳設樂器朕召南書房漢大臣翰林等降旨云爾等凡作詩賦多以壎篪比兄弟問爾壎篪之形如何皆云不知因命內監將樂器中壎篪取與爾等觀看伊等看畢欣然稱奇以為臣等惟於書中見之即隨口空談誰人實見壎篪今日方得明白也凡事皆如此必親見親歷始得確實若聞之他人或書中偶見即據以為言必貽笑於有識之人矣

訓曰我朝清字各國語音俱可以叶

太宗皇帝時曾借蒙古字以代清文後來奉勅諭學士達海修飾蒙古字加以圈點而撰清文朕慮將來或有授受之訛故特與高年人等搜輯舊語製為清文鑑頒行之既有此書則我朝清字必不至於遺漏矣

訓曰賴祖父福蔭天下一統國泰民安遠方外國商賈漸通各種皮毛較之向日倍增記朕少時貴人所尚者惟貂其

次則狐腋天馬之類至於銀鼠總未見也駙馬耿聚忠著一銀鼠皮褂衆皆環視以為奇珍而今銀鼠能直幾何即此一節而論

祖父所遺之基所積之福豈可易視哉

訓曰凡人飲食之類當各擇其宜於身者所好之物不可多食即如父子兄弟間我好食之物爾則不欲爾不欲食之物我強與汝以食之豈可爭各人所不宜之物知之即當永戒由是觀之人自有生以來腸胃

自各有所分別處也

訓曰人果專心於一藝一技則心不外馳於身有益朕所及明季人與我國之耆舊善於書法者俱壽考而身强健復有能畫漢人或造器物匠役其巧絶於人者皆壽至七八十身體强健畫作如常由是觀之凡人之心志有所專即是養身之道

訓曰朕決不欺人即如今凡匠役人等各有家傳技藝決不肯告人而朕問之彼若開誠明奏朕必容之不

告一人也

訓曰凡人能量己之能與不能然後知人之艱難朕自幼行走固多征剿噶爾丹三次行師雖未對敵交戰自料猶可以立在人前但念越城勇將則知朕斷不能為何則朕自幼未嘗登牆一次每自高崖下視頭猶眩暈如彼高城何能上登自已決不能之事豈可易視所以朕每見越城勇將心實憐之且甚服之

訓曰昔時大臣久經軍旅者多以人命為輕朕自出兵

以後每反諸已或有此心乎思之而益加敬謹焉

訓曰行圍打牲必用鳥鎗而鳥鎗火藥最宜小心大槩一兩火藥可以烘動二三間房屋如或一斤則其力不可言矣我知之最切且聞之亦多是故訓爾等用鳥鎗時各宜小心謹慎也

訓曰吾人燕居之時惟宜言古人善行善言朕每對爾等多教以善爾等回家各告爾之妻子爾之妻子亦莫不樂於聽也事之美豈有踰此者乎

訓曰凡人持身處世惟當以恕存心見人有得意事便當生歡喜心見人有失意事便當生憐憫心此皆自己實受用處若夫忌人之成樂人之敗何與人事徒自壞心術耳古語云見人之得如己之得見人之失如己之失如是存心天必佑之

訓曰民生本務在勤勤則不匱一夫不耕或受之饑一婦不織或受之寒是勤可以免饑寒也至於人生衣食財祿皆有定數若儉約不貪則可以養福亦可以

致壽若夫為官者儉則可以養廉居官居鄉只緣不儉宅舍欲美妻妾欲奉僕隸欲多交游欲廣不貪何從給之與其寡廉孰若寡欲語云儉以成廉侈以成貪此乃理之必然者

訓曰嘗謂四肢之於安佚也性也天下寧有不好逸樂者但逸樂過節則不可故君子者勤修不敢惰制欲不敢縱節樂不敢極惜福不敢侈守分不敢僭是以身安而澤長也書曰君子所其無逸詩曰好樂無荒

良士瞿瞿至哉斯言乎

訓曰國家賞罰治理之柄自上操之是故轉移人心維持風化善者知勸惡者知懲所以代天宣教時亮天功也故爵曰天職刑曰天罰明乎賞罰之事皆奉天而行非操柄者所得私也韓非子曰賞有功罰有罪而不失其當乃能生功止過也書曰天命有德五服五章哉天討有罪五刑五用哉政事懋哉懋哉蓋言爵賞刑罰乃人君之政事當公慎而不可忽者也

訓曰舜好問而好察邇言不自用而好問固美矣然不可不察其是否也故又繼之以好察孟子論用人用刑則曰詢之左右及諸大夫及國人可謂不自用不偏聽而謀之廣矣然終必繼之以察而實見其可否然後信之至若舜又曰官占惟先蔽志昆命於元龜朕志先定詢謀僉同鬼神其依龜筮協從箕子亦曰汝則有大疑謀及乃心謀及卿士謀及庶人謀及卜筮此則又先斷之以己意然後參之于人與鬼神可

見古之聖人或先叅衆論而後審之以獨斷或先定己見而後稽之於人神其慎重不苟如此葢衆謀獨斷不容偏廢但先後異用而隨事因時可耳

訓曰天下事物之來不同而人之見識亦異有事理當前是非如睹出乎平日學力之所至不徒擬議而後得之此素定之識也有事變倏來一時未能驟斷必待深思而後得之此徐出之識也有雖深思而不能得合衆人之心思其間必有一當者擇其是而後用之

此取資之識也此三者雖聖人亦然故周公有繼日之思而堯舜亦曰疇咨稽衆惟能竭其心思能取於衆所以爲聖人耳

訓曰孟子言良知良能蓋舉此心本然之善端以明性之善也又云大人者不失其赤子之心者也非謂自孩提以至終身從吾心縱吾知任吾能自莫非天理之流行也即如孔子從心所欲不踰矩尚言於志學而立不惑知命耳順之後故古人童蒙而教八歲即

入小學十五而入大學所以正其稟習之偏防其物欲之誘開擴其聰明保全其忠信者無所不至即孔子之聖其求道之心乾乾不息有不知老之將至故凡有志於聖人之學者其擇善固執克己復禮循循勉勉無一纖毫忽易於其間始能日進也

訓曰朕自幼留心典籍比年以來所編定書約有數十種皆已次第告成至於字學所關尤切字彙失之簡畧正字通涉於汎濫兼之各方風土不同語音各異

司馬光之類篇分部或有未明沈約之聲韻後人不無訾議洪武正韻多所駁辨迄不能行仍依沈韻朕參閲諸家究心考證如我朝清文以及蒙古西域洋外諸國多從字母而來音雖由地而殊而字莫不寄於點畫兩字合作一字二韻切為一音因知天地之元音發於人聲人聲之形象寄於字體故朕酌訂一書命曰康熙字典增字彙之闕遺删正字通之繁冗務使詳畧得中歸於至當庶可垂永久云

訓曰朕自幼所見醫書頗多洞徹其原故後世托古人之名而作者必能辨也今之醫生所學既淺而專圖利立心不善何以醫人如諸藥之性人何由知之皆古聖人之所指示者也是故朕凡所試之藥與治人病愈之方必曉諭廣衆或各處所得之方必告爾等共記者惟冀有益於多人也

訓曰藥製不同古人有用新苗者有用曝乾者或以手折口咬撮合一處如今皆用曝乾者以分量稱合此

豈古制耶如蒙古有損傷骨節者則以青色草名綽爾海之根不令人見採取食之甚有益朕令人試之誠然驗之即内地之續斷由此觀之蒙古猶有古制

藥惟與病相投則有限之藥亦能救人若不當即人參人亦受害是故用藥貴與病相宜也

訓曰養生之道飲食為重設如身體微有不豫即當節減飲食然亦惟比尋常稍減而已今之醫生一見人病即令勿食但以藥物調治若或内傷飲食者禁之

猶可至於他症自當視其病由從容調理量進飲食使氣血增長苟於飲食禁之太過惟任諸凡補藥鮮能資補氣血而令之充足也養身者宜知之

訓曰朕從前曾往王大臣等花園遊幸觀其蓋造房屋率皆效法漢人各樣曲折槅斷謂之套房彼時亦以為巧曾於一兩處效法為之久居即不如意厥後不為矣爾等俱各自有花園斷不可作套房但以寬廣弘敞居之適意為宜

訓曰朕雖於談笑小節亦必循理先者大阿哥管養心
殿營造事務時一日同西洋人徐日昇進內與朕閑
談中間大阿哥與徐日昇戲曰剃汝之鬚可乎徐日
昇佯佯不采云欲剃則剃之彼時朕即留意大阿哥
原是悖亂之人設曰我奏過皇父剃徐日昇之鬚欲
剃則竟剃矣外國之人謂朕因戲而剃其鬚可乎其
時朕亦笑曰阿哥若欲剃亦必啟奏然後可剃徐日
昇一聞朕言凄然變色雙目含淚一言不出既逾數

日後徐日昇獨來見朕涕泣而向朕曰皇上何如斯之神也為皇子者即剃我外國人之鬚有何關係皇上尚慮及未然降此諭旨實令臣難禁受也厥後四十七年朕不豫時徐日昇聽信外邊亂語以為朕疾難愈到養心殿大哭自怨其無造化隨回至家身故

夫一言可以得人心而一言亦可以失人心也

訓曰我朝先輩老者雖未深通書史然所行奇處極多即如古有結繩之政我朝先輩奏事亦嘗結帶為記

古用木簡竹簡書字我朝今用綠頭牌木牌由此觀之凡聖人應運而興者所行自暗與古合誠足異也

訓曰春夏之時孩童戲耍在院中無妨毋使坐在廊下此老年人嘗言之也

訓曰昔者喀爾喀尚未内附之時惟烏朱穆秦之羊為最美厥後七旗之喀爾喀盡行歸順達里崗阿等處立為牧場其初責之羊朕不敢食特遣典膳官虔供

陵寢朕始食之即如朕新製法藍碗因思

先帝時未嘗得用亦特擇其嘉者恭奉
陵寢以備供茶朕之追遠致敬每事不忘爾等識之
訓曰朕自幼喜觀稼穡所得各方五穀菜蔬之種必種
之以觀其收獲誠欲廣布於民生或有裨益也朕豐
澤園所種之稻偶得一穗較他穗先熟因種之遂比
別稻早收若南方和煖之地可望一年兩獲即如外
國之卉各省之花凡所得種種之即生而且花開極
盛觀此則花木之各遂其性也可知矣今塞外之野

繭大似山東之山繭朕因織為繭紬製衣衣之此皆農桑之要務至於花木皆天地生意所發故朕心深愜焉

訓曰古人嘗言三年耕必有一年之積九年耕必有三年之積此先事預防之至計所當講求於平日者近見小民蓄積匱乏一遇水旱遂致難支此皆豐稔之年粒米狼戾不能儲備之故也國計若是家計亦然故凡家有田疇足以贍給者亦當量入為出然後用

度有準豐儉得中安分養福子孫常守

訓曰朕生性不喜價值太貴之物出遊之處所得樹根或可觀之石圍場所獲野獸之角或爪牙以至木葉之類必隨其質而成一應用之器即此觀之天下之物雖最不直價者以作有用之器即不可棄也

訓曰嘗見有人講論舊磁器皿以爲古玩然以理論舊磁器皿俱係昔人所用其陳設何處俱不可知看來未必潔淨非大貴人飲食所宜留用不過置之案頭

或列之舊廚以為一時之清賞可矣此亦富貴人家所當留心之一節故語爾等知之

訓曰諸國必有一所敬之神即如我朝之敬祀祖神者如蒙古回子番苗猓猓以及各國之人皆自有一所敬之神由此觀之天之生斯人也敬之一字凡事不可須臾離也

訓曰凡人各有一懼怕之物有怕蛇而不怕蝦蟆者亦有怕蝦蟆而不怕蛇者朕雖不怕諸樣之物然從來

不以戲人在怕蟲之人見其所怕之蟲不顧身命往往竟有拔刀者如在大君之前倘出鋒刃俱係重罪明知此故而因一戲以入人罪亦復何味爾等留心切記可也

訓曰敬重神佛惟在我心而已自唐宋以來相傳遇神佛祭日特造神佛紙像供之祭畢復焚此雖無關乎大禮然於道理甚不合外邊小人隨其俗尚可已我等為人上者知此當戒之

訓曰朕南巡數次看來大江以南水土甚軟人亦單薄諸凡飲食視之鮮明奇異然於人則無補益處大江以北水土即好人亦强壯諸凡飲食亦皆於人有益此天地間水土一定之理今或有北方人飲食執意傚南方此斷不可也不惟各處水土不同而人之腸胃亦異勉强傚之漸至於軟弱於身有何益哉

訓曰漆器之中洋漆最佳故人皆以洋人為巧所作為佳却不知漆之為物宜潮濕而不宜乾燥中國地燥

塵多所以漆器之色最暗觀之似粗鄙洋地在海中潮濕無塵所以漆器之色極其華美此皆各處水土使然並非洋人所作之佳中國人所作之不及也

訓曰邊外水土肥美本處人惟種穈黍稗稷等類總不知種別樣之穀因朕駐蹕邊外備知土脈情形教本處人樹藝各種之穀歷年以來各種之穀皆穫豐收墾田亦多各方聚集之人甚衆即各山壑中皆成大村落矣上天愛人凡水陸之地無一處不可以養人

惟患人之不勤不勉爾誠能勤勉到處皆可耕鑿以給妻子也

訓曰我朝滿洲舊風凡飲食必甚均平不拘多寡必人人徧及使嘗其味朕用膳時使人有所往必留以待其回而與之食青海台吉來時朕閒話中間問伊等舊風亦云如是由是觀之古昔所行之典禮其規模皆一殆無内外遠近之分也

訓曰明朝末年西洋人始至中國作驗時之日晷初製

一二時明朝皇帝目以為寶而珍重之順治十年間世祖皇帝得一小自鳴鐘以驗時刻不離左右其後又得自鳴鐘稍大者遂效彼為之雖能髣髴其規模而成在內之輪環然而上劤之法條未得其法故不得其準也至朕時有西洋人得作法條之法雖作幾千百而一一可必其準爰將向日所珍藏世祖皇帝時自鳴鐘盡行修理使之皆準今與爾等觀之器豈可輕視之其宜永念

祖父所積之福可也

訓曰朕所居殿現鋪氊片等物殆及三四十年而未更換者有之朕生性廉潔不欲奢於用度也

訓曰舊滿洲忌諱之事皆如古典即如遇一忌諱之事有年高者則子弟為年高者忌諱子孫衆多年高者亦為子孫忌諱是皆彼此愛敬之意汝等知此必遵而行之

訓曰大凡殘疾之人不可取笑即如跌蹼之人亦不可

哂葢殘疾之人見之宜生憐憫或有無知之輩見殘疾者每取笑之其人非自招斯疾即招及子孫即如哂人跌蹼不旋踵閒或即失足是故我朝先輩老人常言勿輕取笑於人取笑必然自招正此謂也

訓曰白素之物最為吉祥佛經中以白為淨故蒙古西番僧衆供佛見貴人必進白綾手帕以為贄見之禮且我朝一應喜慶筵宴桌張亦必用素白布疋以為葢袱此正古人繪事後素之義也

訓曰朕自幼凡祭祀典禮必親行以致其誠敬今因年老於諸祭祀典禮身不能者寧遣王公大臣恭代斷不苟且行之以塞責也今遣爾等恭代亦必如朕之誠敬可矣

訓曰明朝十三陵朕往觀數次亦嘗祭奠今未去多年爾等亦當往觀祭奠遣爾等去一兩次則地方官看守人等皆知敬謹

世祖章皇帝初進北京明朝諸陵一毫未動收崇禎之屍

特修陵園以禮葬之厥後親往奠祭盡哀至於諸陵亦皆拜禮觀此則我朝得天下之正待前朝之厚可謂超出往古矣

訓曰凡人平日必當涵養此心朕昔足痛之時轉身艱難足欲稍動必賴兩傍侍御人挪移少着手即不勝其痛雖至於如此朕但念自罹之災與左右近侍談笑自若並無一毫躁性生忿以至於苛責人也二阿哥在德州病時朕一日視之正值其含怒與近侍之

人氣忿朕寛解之曰我等為人上者罹疾即有許多人扶持任使心猶不足如彼内監或是窮人一遇疾病誰為任使雖有氣忿向誰出耶彼時左右侍立之人聽朕斯言無有不流涕者凡此等處汝等宜切記於心

訓曰人於平日養身以怯懦機警為上未寒凉即增衣服所食物稍不宜即禁忌之愈謹慎愈怯懦則大益於身但觀老大臣輩盡皆如此朕每見伊等常以機

心戲之然機心但不可用之於他處若各用之於養身其有益無比也

一日指案上所置賀蘭國鐵尺

訓曰此鐵尺既不曲且無鐵鏽氣味爾等其知此乎乃瑑賀蘭國刀而為之者夫改兵器而設於書案亦偃武修文之意也曩者西洋人安多見之曾謂刀者兵器人人見而畏之今設於書案人人見而喜持焉亦極吉祥之事斯言最得理也

訓曰中華城池地理圖樣雖載於直省志書但取其大槩而地里之遠近俱不得其準朕以治歷之法按天上之度以準地里之遠近故毫無差忒曾分道遣人盡山川城郭而量其形勢南至沔國北至俄羅斯東至海濱西至岡底斯俱入度內名為皇輿全圖又命善於丹青者精心繪出刊刻成圖頒賜爾等觀此圖方知我朝地輿之廣大

祖宗累積豈可輕視耶既知創業之維艱應慮守成之不

易朕惟祝告上天俾天下蒼生永樂此昇平之世界耳

訓曰人生凡事固有定數然而其中以人力奪天工者有之如取火鏡指南鍼一物之微能叅造化至於推步七政之運行寒暑之節候日月之交蝕皆時刻不爽又若春耕夏耘乃致西成秋穫苟徒恃天工不盡人力何以發造化之機而時亮天功乎

訓曰汝等皆係皇子王阿哥富貴之人當思各自保重

身體諸凡宜忌之處必當忌之凡穢惡之處勿得身臨譬如出外之所經行之地倘遇不祥不潔之物即當遮掩躲避古人云千金之子坐不垂堂況於爾等身為皇子者乎

訓曰為人上者居處宮室雖貴潔淨然亦不可太過成癖嘗見有人過於好潔其所居之室一日掃除數次家下人著履者不許入衣服少有沾污即棄而不用親屬所饋飲食俱不肯嘗此等人謂之犯潔癖久

之反為身累蓋其性情識見鄙隘已甚實非正心修身之大道特語爾等知之

訓曰父母之於兒女誰不憐愛然亦不可過於嬌養若小兒過於嬌養不但飲食之失節抑且不耐寒暑之相侵即長大成人非愚則癡嘗見王公大臣子弟中每有癡獃輭弱者皆其父母過於嬌養之所致也

訓曰我朝舊制多合經書古典滿洲例帶馬必以右手牽犬必以左手禮記即然如斯類者儘有

訓曰古人一年四季出獵若此則人勞而禽獸之不得遂其生朕一年兩季行幸春日水獵欲人之習於舟楫也秋日出哨欲人之習於弓馬也若此則人不勞而禽獸亦得遂其生是故我朝之兵甚强健所向無敵者實朕使之以時而養之以節之所致也

訓曰朕初次南巡閲河各樣船俱試坐之皆不甚妥厥後朕親指示作黃船盡善盡美極其堅固雖遇大風浪坐此船毫無可慮也朕於大小事務必搜其本原

復諮於衆然後行之

訓曰黄淮兩河關係漕運民生最為重要故朕不憚勤勞屢親巡閲察其險易之形勢審其疏導之機宜繼急次第具有成畫大修工程費以數百萬計歲修帑金亦以數十萬計乃康熙三十七年黄淮並漲總河董安國不堅築堤堰疏通海口因而河身墊高以致倒灌洪澤湖口湖水從六壩旁洩由運河入下河淹没民田於是罷董安國而以于成龍代之授以治河

方畧三十八年親往閱視駐蹕清口河干面諭于成龍清口宜築挑水壩挑黃河使趨北岸始免倒灌清口之患而于成龍未獲成功繼用張鵬翮為總河又令大臣官員往高堰築堤堅閉六壩使洪澤湖水暢出清口仍諭張鵬翮清口築挑水壩尤為緊要此壩不築則黃水頂衝斷不能使向北岸湖水必不得暢流張鵬翮遵奉朕言壩功築成黃流遂直趨陶莊清水因以暢流疊經伏秋大漲並無倒灌之事又命浚

張福口等引河築歸仁堤疏人字芒稻涇㵎等河開大通口皆一一告竣曩時黄水泛漲或與岸平或漫溢四出今黄河深通河岸距水面數十餘丈縱遇大漲亦可無虞此皆由朕深念河工國家大事夙夜厪懷未嘗少釋且簡命河臣倚任甚切所屬官吏俱聽選用凡在河工大小官員並皆勉力赴功共襄河務之所致也此係朕治河始末特語爾等識之

訓曰言治河者謂宜順其入海之性不宜障塞以與之

爭此但言其理耳今河決在七里溝去海止四十餘里若聽其順流入海既可不勞人功亦且永無河患豈不甚便但淮以北二百里之運道遂成枯渠國計所關故不得不使其迂迴而入淮河之故道此由時勢與古不同也

訓曰爾等荷蒙朕恩作王貝勒貝子各自分家異居矣但當謹遵國法守爾等本分度日可也爾等王職惟朝會大典除此凡外邊諸事不可干預朕若命以事

務當視朕之所命盡心竭意方不負朕之所用而貽人譏笑也

訓曰凡人養身重在衣食古人云慎起居節飲食然而衣服之係於人者亦為最要如朕冬月衣服寧過於厚却不用火爐所以然者蓋為近火則衣必薄出外行走必致感寒與其感寒而加服何如未寒而先進衣乎

訓曰朕出獵在外雖遇極寒時不下帽簷面罷耳輪一

次未凍然而尋常在家衣必厚實蓋出獵在外必預防寒冷若尋常居家偶爾出行忽感寒氣者有之宜常防範

訓曰曩者一時作興吹筒吹者甚多朕亦嘗試之不濟於用且甚傷人氣近來皆不用矣與其用無益之物何若暇時熟習弓馬不亦善乎

訓曰朕用膳後必談好事或寓目於所作珍玩器皿如是則飲食易消於身大有益也

訓曰子平六壬奇門等學俱係後世人按五行生尅互相敷演而成其取義也雖極巧極精然其神煞名號盡是人之所定揆之正理實難信也世人習其件即偏於其件以為甚深且與以誇耀於人朕於暇時亦嘗究心此等雜學以考其根源一一洞徹知其不能確準又焉能及古聖所傳之大道耶

訓曰河圖順轉而相生洛書逆轉而相尅蓋生者所以成其體而尅者所以弘其用大禹謨水火金木土穀

惟修以五行相剋爲次第可見相剋是五行作用處
今術數家或以相剋取財官或以相剋取殺用亦此
理也

訓曰人之一生雖云命定然而命由心造福自己求如
子平五星推人妻財子禄及流年月建日後試之多
有不驗蓋因人事未盡天道難知譬如推命者言當
顯達則自謂必得功名而詩書不必誦讀矣言當富
饒則自謂坐致豐亨而經營不必謀計矣至謂一生

無禍則竟放心行險恃以無恐乎謂終身少病則遂恣意荒淫可保無虞乎是皆徒聽祿命反令人墮志失業不加修省愚昧不明莫此爲甚以朕之見人若日行善事命運雖凶而可必其轉吉日行惡事命運縱吉而可必其反凶是故命之一字孔子罕言之也

訓曰易云天在山中大畜君子以多識前言往行以畜其德夫多識前言往行要在讀書天人之蘊奥在易帝王之政事在書性情之理在詩節文之詳在禮聖

人之褒貶在春秋至於傳記子史皆所以羽翼聖經記載往蹟展卷誦讀則日聞所未聞智識精明涵養深厚故謂之畜德非徒博聞强記誇多鬬靡已也學者各隨分量所及審其先後而致功焉其蕪穢不經之書淺陋之文非徒無益而反有損勿令入目以誤聰明可也

訓曰聖賢之書所載皆天地古今萬事萬物之理能因書以知理則理有實用由一理之微可以包六合之

大由一日之近可以盡千古之遠世之讀書者生乎百世之後而欲知百世之前處乎一室之間而欲悉天下之理非書曷以致之書之在天下五經而下若傳若史諸子百家上而天下而地中而人與物固無一事之不具亦無一理之不該學者誠即事而求之則可以通三才而兼備乎萬事萬物之理矣雖然書不貴多而貴精學必由博而致約果能精而約之以貫其多與博合其大而極於無餘會其全而備於有

用聖賢之道豈外是哉

訓曰朕自幼好看書今雖年高萬幾之暇猶手不釋卷誠以天下事繁日有萬幾為君者一身處九重之内所知豈能盡乎時常看書知古人事庶可以寡過故朕理天下事五十餘年無甚差忒者亦看書之益也

訓曰凡人最要者惟力行善道能盡五倫而一心篤於行善則天必眷祐報之以祥若徒口言善而心存姦邪決不為天所祐是以古聖人惟欲人之止於至善

也

訓曰好疑惑人非好事我疑彼彼之疑心益增前者丹濟拉來降之時衆皆諫朕宜防備之朕心以為丹濟拉既已來降即我之臣何必疑焉初至之日即以朕之衣冠賜之使進朕帳幄內近坐賜食旁無一人與伊刀切肉食彼時丹濟拉因朕之誠心相待感激涕零終身奮勉盡力又先時臺灣賊叛朕欲遣施琅舉朝大臣以為不可遣去必叛彼時朕名施琅至面諭

曰舉國人俱云汝至臺灣必叛朕意若不遣去臺灣斷不能定汝之不叛朕力保之卒遣之不日而臺灣果定此非不疑人之驗乎凡事開誠布公為善防疑無用也

訓曰年高之人理當厚待憐恤之且其年皆與我先輩年等憐之敬之則福壽亦增耳

訓曰朕自幼登極生性最忌殺戮歷年以來惟欲人善而又善即位至今公卿大臣保全者不記其數即如

幼年間於田獵之時但以多戮禽獸為能今漸漸年老園中所圈之力之獸尚不忍於射殺觀此則聖人所言我欲仁斯仁至矣之語誠至言也

訓曰飲食之制義取諸鼎聖人頤養之道也是故古者大烹為祭祀則用之為賓客則用之為養老則用之豈以恣口腹為哉禮王制曰諸侯無故不殺牛大夫無故不殺羊士無故不殺犬豕庶人無故不食珍論語曰子釣而不綱弋不射宿古之聖人其於犠牲禽

魚之類取之也以時用之也以節是故朕之萬壽與夫年節有備宴恭進者即諭令少殺牲正以天地好生萬物各具性情而樂其天人不得以口腹之甘而肆情魚膾也

訓曰字乃天地間之至寶大而傳古聖欲傳之心法小而記人心難記之瑣事能令古今人隔千百年覿面共語能使天下士隔千萬里攜手談心成人功名佐人事業開人識見為人憑據不思而得不言而喻豈

非天地間之至寶與以天地間之至寶而不惜之糊牕粘壁裹物襯衣甚至委棄溝渠不知禁戒豈不可歎故凡讀書者一見字紙必當收而歸於篋笥異日投諸水火使人不得作踐可也爾等切記

訓曰孟子云為政者每人而悅之日亦不足矣是言也誠得為政之要道即如近河居民地勢窪下陰雨稍多即覺水澇近山居民地勢高阜數日不雨即覺亢旱天道尚然何況人事故為政者應持大體府事允

治自然萬世永賴久安長治之道未有以政狥人者也孟子此言深切政體特語爾等知之

訓曰茲者一兩年間春夏之交稍旱外邊無知之人即妄言以為大旱朕少時曾經正月至於六月不雨朕於交泰殿前圈蓆牆在內三晝夜虔禱雖鹽醬小菜一毫不食步至

天壇祈雨去時天尚晴明禮畢將回即降細雨及出壇門則大雨傾盆田畝盡濡澤矣今年未至若彼之旱且

朕年高不能如彼時之齋戒步禱身誠不能烏用欺衆爲哉此亦朕生性不務虛飾之一端也

訓曰昔日

太皇太后聖躬不豫朕侍湯藥三十五晝夜衣不解帶目不交睫竭力盡心惟恐

聖祖母有所欲用而不能備故凡坐卧所須以及飲食肴饌無不備具如糜粥之類備有三十餘品其時

聖祖母病勢漸增實不思食有時故意索未備之品不意

隨所欲用一吁即至

聖祖母拊朕之背垂泣贊歎曰因我老病汝日夜焦勞竭盡心思諸凡服用以及飲食之類無所不備我實不思食適所欲用不過借此支吾安慰汝心誰知汝皆先令備在彼如此竭誠體貼肫肫懇至孝之至也惟願天下後世人人法皇帝如此大孝可也

訓曰人於凡事能順理之自然則於身有益朕今年高齒落殆半諸凡食物雖不能嚼然朕心所欲食者則

必烹爛或作醢醬以為下飯竝無一念自怨衰老有自㓜隨朕近侍時常以齒落身衰不得食諸美味行走之處不能及人為恨每向人前訴苦此皆由於見理未明不能順其自然之故也朕鑒夫此惟寬坦從容以自頤養而已

訓曰吾人年歲老而經事多則自輕易不為人所誘每見道士自誇修養得法大言不慙但多試幾年究竟如常人齒落髮白漸至老憊觀此凡世上之術士俱

欺誑人而已矣神仙豈降臨人世哉又有一等術士立地數十年或坐小屋幾載然能久坐者不能久立能久立者不能久坐可知其所以能此乃邪魅之術耳此皆朕歷試之而知其妄者也

訓曰凡事暫時易久則難故凡人有說奇異事者朕則曰且待日久再看朕自八歲登極理萬幾五十餘年何事未經虛詐之徒一時所行之事日後醜態畢露者甚多此等纖細之偽朕即不即宣出日久令自敗

露一時之詐實無益也

訓曰爾等惟知朕算術之精却不知我學算之故朕幼時欽天監漢官與西洋人不睦互相參劾幾至大辟楊光先湯若望於午門外九卿前當面賭測日影奈九卿中無一知其法者朕思已不知焉能斷人之是非因自憤而學焉今凡入算之法累輯成書條分縷析後之學此者視此甚易誰知朕當日苦心研究之難也

訓曰音律之學朕嘗留心爰知不製器無以審音不準今無以考古音由器發律自數生是故不得其數律無自生不得其律音不得正雅俗固分而聲協則一器雖代革而音調則同故曰以六律正五音今之樂由古之樂也朕考覈諸音律譜按性理內律呂新書黃鐘律分圍徑長短準以古尺損益相生十二律呂製為管而審其音復以黃鐘之積加分減分製諸樂器而和其調實以黍而數合播諸樂而音諧因著為

書辨其疑闡其義正律審音和聲定樂條分縷析一一詳明葢天地之元聲亘古今而莫易聯中外以大同六合之內四海之外此音同此理同也百世之上百世之下此音同此理同也是故不知古樂而溺於今非特不知古并不知今也必復古樂而不屑於今非特不知今終亦無從復古也

訓曰聲音之道以和為本故書曰八音克諧無相奪倫神人以和嘗見近世之人事儒學者空談理數拘守

僑聞而於聲字之義鄙而不講工師則專肄聲音熟諳字譜而於音律之原茫然無知殊不知工尺等字即宮商之省文也工凡六五乙上尺七字而五聲二變亦七音工尺七字有出調而五聲二變亦旋宮旋宮則轉調而當二變者則出調古聖立法原自簡易而後之人反從難處探索與理却不知說愈繁而理愈晦古之雅樂惟用五正聲而閣以二變謂之七音今之南曲亦止用五字而出調二字不用北曲則雜

以出調二字名曰北調然則古樂今曲何嘗不以正變之聲而為宮商之準則耶要之樂以太和為本是以古聖王惟得中聲以定大樂故與天地同聲薦之郊廟而神鬼享奏之朝廷而人心風俗以淳也

訓曰今者各國海外諸物畢至珍禽奇獸耳之所未聞書傳之所記者皆得見之且畜養而孳生者亦有之即此觀之凡物各遂其性雖禽獸亦如其本地之生育焉汝等如此少年甚至於孩提之童遽能見此各

種禽獸豈可易視也與

訓曰産獅子西洋國極遠即彼處亦難得之得則進貢中國今西洋國進貢之獅朕心以為無甚奇處但念彼自極遠處進貢嘉其誠心不便發回所以收養耳朕不好奇物也

訓曰古史書載出宮女三千以為大德明時宮女至數千脂粉錢至百萬今朕宮中計使女恰纔三百況朕未近使之宮女年近三十者即出與其父母令婚配

汝等皆係朕子如此等處宜效法行之

訓曰滿洲人最忌令人扶掖是故朕至如是之年尚且不令人扶持不持拄杖起坐時人但少助而已一立即不用扶矣閒坐亦不憑倚令之少年反令人扶掖兩手攙臂觀之甚是可厭既無病又無故如此舉動誠為怪異亦特無福之態耳又一等人年紀不相稱即用拄杖復何心哉此等處朕實不解爾等仍當以我朝前輩所忌諱處戒之可也

訓曰古昔征戰嘗用弩箭至我朝時弓矢甚利故棄弩箭而不用今苗蠻人尚用弩箭者彼處盡大山深澗伊等鳥鎗少而弓矢又不能遠射故仍用弩箭朕近日制弩試之所至固遠然不得準貫革力亦微上弩而又加箭亦不甚便但平日作玩具可耳實在應用之處則不可恃我朝之弓矢連射不悞於貫革力大迎敵者如何對立是故自古以來各種兵器能如我朝之弓矢者斷未之有也

訓曰古之聖人平水土教稼穡辨其所宜導民耕種而五穀成熟孟子曰五穀熟而民人育則人之賴於五穀者甚重嘗思夫天地之生成農民之力作風雷雨露之長養耕耘收穫之勤勞五穀之熟豈易易耶禮月令曰天子以元日祈穀於上帝凡為民生粒食計者至切矣而人何得而輕褻之乎奈何世之人惟知貴金玉而不知重五穀或狼籍於場圃或委棄於道路甚至有污穢於糞土者輕褻如此豈所以敬天乎

夫歎歲穀少固當珍重而稔歲穀多尤當愛惜詩曰粒我蒸民莫匪爾極貽我來牟帝命率育噫嘻重哉

訓曰每歲自南方漕運米糧一石費銀數兩葢因地遠難致之故不肖兵丁不知運糧之艱既得糧米因暫時有餘遂賣銀錢以供幾次飽飡醉飲及米不繼之時妻子又皆不免饑餓此等處朕知之甚悉故放米之時屢降嚴旨於管轄人等嚴禁奢費與賣米者特為兵丁之生計也無知之人以兵丁賣米為小事不

知米者養人之本為人上者不留心省察可乎

訓曰世之財物天地所生以養人者有限人若節用自可有餘奢用則頃刻盡耳何處得增益耶朕為帝王何等物不可用而朕之飲食毫無過費其所以然者特為天地所生有限之財而惜之也

訓曰凡人處世有政事者政事為務有家計者家計為務有經營者經營為務有農業者農業為務而讀書者讀書為務即無事務者亦當以一等藝業而消遣

歲月奈何好賭博之人身家不計性命不顧愚癡如是之甚假賭博之名以攘人財與盜無異利人之失以為巳得始而貪人所有陷入坑阱既而吝惜情生妄想復本苦戀局内囊罄產盡以致無食無居蕩家敗業雖客友至戚一入賭場頃刻反顔一錢得失怒詈旋興雅道俱傷結怨結讐莫此為甚且好賭博者名利兩失蓋雖少人即料其無成家正般人決知其必敗沉溺不返汙下同羣骨肉輕賤親朋笑恥種種

敗害相因而起果何樂何利而為之哉朕是以嚴賭博之禁凡有犯者必加倍治罪斷不輕恕

訓曰人承祖父之遺衣食無缺此為大幸便當讀書樂志安分修為若家貧亦惟勤學力行為鄉黨所重孔子曰素富貴行乎富貴素貧賤行乎貧賤孟子曰富貴不能淫貧賤不能移此是聖賢立志之根本操存之要道也

訓曰朕因大慶之年特集勲舊與衆老臣賜以筵宴使

宗室子孫進饌奉觴者乃朕之所以尊高年而冀福澤之及於宗族子孫也朕觀之君臣如此鬚鬢皆白數百人坐於一處飲食筵宴其吉祥喜慶之氣洋溢於殿廷中矣且年高之人多自傷自歎今荷朕恩禮歸家各以告其子孫借此快樂以益壽考即養生之道也

訓曰朕自幼所讀之書所辨之事至今不忘今雖年邁記性仍然此皆素日心內清明之所致也人能清心

寡欲不惟少忘且病亦鮮也

訓曰凡書生頌揚君上或吟咏詩賦欲稱其善必先舉人之短而後方頌言之每以媲三皇邁五帝超越百王為言此豈非太過乎詩中有云欲笑周文歌宴鎬還輕漢武樂横汾譬之欲言此人之善必先指他人之惡朕意不然彼亦善而我亦善豈不美哉總之欲言人之善但言其人之善而已何必及他人之惡是皆由度量窄狹而心不能平也朕深不然之

訓曰朱子云大率古人作詩與今人一般其間亦自有感物道情吟咏情性幾時盡是譏刺他人只縁序者立例篇篇作美刺説將詩人意思盡穿鑿壞矣即如唐人工於詩者應制賦詩後人解之以為譏刺朝廷其於前人不太寃耶朱子此言最公深得詩人之意

訓曰唐人詩命意高遠用事清新吟咏再三意味不窮近代人詩雖工然英華外露終乏唐人深厚雄渾之氣

訓曰孔子云君子有三戒少之時血氣未定戒之在色及其壯也血氣方剛戒之在鬬及其老也血氣既衰戒之在得朕今年高戒色戒鬬之時已過惟或貪得是所當戒朕為人君何所用而不得何所取而不能尚有貪得之理乎萬一有此等處亦當以聖人之言為戒爾等有血氣方剛者亦有血氣未定者當以聖人所戒之語各存諸心而深以為戒也

訓曰孔子云民可使田之不可使知之誠為政之至要

朕居位六十餘年何政未行看來凡有益於人之事我知之確即當行之在彼小人惟知目前僥倖而不念日後久遠之計也凡聖人一言一語皆至道存焉

訓曰盛京年例俱係步圍朕初次至盛京時行圍不遠即連見兩三虎步行人有被爪傷者雖不致命實視之不忍本處將軍都統目為尋常朕遂深責之曰田獵原為遊豫今目覩傷人若是何以獵為今後步圍永行禁之自是年至今已四十餘年矣不然被傷者

何所底止此四十餘年所生全者豈少哉

訓曰人有病請醫療治必以病之始末詳告醫者乃可意會而治之亦易往往有人不以病原告之反試醫人之能識其病與否以為論難則是自誤其身矣又病各不同有一二劑藥即瘳者亦有一二劑藥不能即瘳者若急望效以一二劑藥不見病減者換醫人乃自損其身也凡人皆宜記此

訓曰古人有言不藥得中醫非謂病不用藥也恐其悞

投耳蓋脈理至微醫理至深古之醫聖醫賢無理不闡無書不備天良在念濟世存心不務聲名不計貨利自然審究詳明推尋備細立方切症用藥通神今之醫生若肯以應酬之工用於誦讀之際推求奥妙研究深微審醫案探脈理治人之病如已之病不務名利不分貴賤則臨症必有一番心思用藥必有一番識見施而必應感而遂通鮮有不能取效者矣延醫者慎之

訓曰醫藥之係於人也大矣古人立方各有定見必先洞察病源方可對症施治近世之人多有自稱家傳妙方可治某病病家草率遂求而服之往往藥不對症以致悞事不小又嘗見藥微如粟粒而力等大劑此等非金石之酷烈即草木中之大毒若或藥投其症服之可已萬一不投不惟不能治病而反受其害其悞人也可勝言哉故孔子曰某未達不敢嘗正為此也

訓曰灸病者非美事而身亦徒苦朕年少時嘗灸病厥後受虧即艾味亦惡聞矣聞即頭痛徒灸無益爾等切記勿輕於灸病也

訓曰書法為六藝之一而游藝為聖學之成功以其為心體所寓也朕自幼嗜書法凡見古人墨蹟必臨一過所臨之條幅手卷將及萬餘其賞賜者不下數千天下有名廟宇禪林無一處無朕御書匾額約計其數亦有千餘大槩書法心正則筆正書大字如小字

此正古人所謂心正氣和掌虛指實得之於心而應之於手也

訓曰善書法者雖多出天性大半尤恃勤學朕自幼好書今年老雖極怱忙時必書幾行字一日未嘗間斷是故猶未至於荒廢人勤習一事則身增一藝若荒踈即廢棄也

訓曰凡人彼此取與在所不免人之生辰或遇吉事與之以物必擇其人所需用或其平日所好之物贈之

始足以盡我之心不然但以人與我何物而我亦以其物報之是彼此易物名而已矣毫無實意此等處凡人皆宜留心

訓曰孟子云或勞心或勞力勞心者治人勞力者治於人朕即位多年雖一時一刻此心不放為人君者但能為天下民生憂心則天自祐之

訓曰朱子云聖賢立言本自平易而平易之中其旨無窮今必推之使高鑿之使深是未必真能高深而已

離其本指喪其平易無窮之味矣此最要處也自漢以來儒者世出將聖人經書多般講解愈解而愈難解矣至宋時朱子輩註四書五經發出一定不易之理故便於後人朱子輩有功於聖人經書者可謂大矣是以朕訓爾等但以經書為要者亦此故也

訓曰凡人學藝即如百工習業必始於易而步步循序漸進焉心志不可急遽也中庸云譬如行遠必自邇譬如登高必自卑人之學藝亦當以此言為訓也

訓曰書云同律度量衡論語曰謹權量蓋為禁貪風除欺詐所以平物價而一人情也今市廛之上閭閻之中日用最切者無過於丈尺升斗平法其間長短大小亦或有不同而要皆以部頒度量衡法為準通融合算均歸畫一則不同而實同也蓋以大同者定制度而隨俗者便民情斯為善政自上古以迄於今幾千百年度量權衡改易非一苟一旦必欲強而同之非惟無益於民生抑且有妨於治道此又不可不留

心講究者也

訓曰吉凶軍賓嘉五禮之期必選擇日時者乃古人趨吉避凶之義詩曰吉日維戊吉日庚午禮曰外事用剛日內事用柔日朱子註孟子曰天時者時日干支孤虛王相之屬也要以五行之生剋為用干支之刑衝合會為斷耳世俗相沿已久而吉凶之理推原於易是故我等尊貴之人凡有出行移徙之類自宜選擇日時然而既用選擇之日則尤當用其選擇之時

甚勿以日之吉而忽於時之吉也選擇家云選日必
當選時吉日不如吉時正此謂也

訓曰論語云子貢問為仁子曰工欲善其事必先利其
器此言實為學制事之要也即如今之讀書人欲應
試也必平日所學淵深所記宏博自然寫得出凡遇
一事經歷多者按則例而理之則失者少此即器利
而事自善之理也

訓曰朕今年近七十嘗見一家祖父子孫凡四五世者

大抵家世孝敬其子孫必獲富貴長享吉慶彼行惡者子孫或窮敗不堪或不肖而陷於罪戾以至凶事牽連如此等朕所見多矣由此觀之惟善可以福於子孫也

訓曰朕於各處行伍中効力行走之人時常喚來與之談論者蓋因我朝太平已久今之少年於行兵之道未嘗經歷若問此等行軍之舊人則功臣之子孫得聞伊祖父効力行走之處亦歡喜鼓舞循其祖父之

迹而黽勉力行之也

訓曰我朝舊典斷不可失朕幼時所見老先輩極多故服食器用皆按我朝古制毫未變更今住京師已七十餘年居此漢地八旗滿洲後生微微染於漢習者未免有之惟我等在上之人常念及此時時訓戒在昔金元二代後世君長因居漢地年久漸入漢俗竟如漢人者有之朕深鑒此而屢訓爾等者誠為我朝之首務命爾等人人緊記著意謹遵故也

訓曰我朝
祖宗開創以來弧矢之利以威天下伐虣安民平定海內
今朕上荷
祖宗庇廕坐致昇平豈可一日不事講習故朕日率爾等
皇子及侍御侍衛人等射侯射鵠備儀備典八旗官
兵以時試肄朕常臨御教塲歷觀兵卒等其優劣賞
賜褒嘉黜陟勸勉故爾旗分佐領各各嫻習弓馬武
備足觀禮曰男子生桑弧蓬矢六以射天地四方天

地四方者男子所有事也故必先志於其所有事又曰射者進退周旋必中禮内志正外體直又曰立德行者莫如射而射者所以觀德也故孔子射於矍相之圃蓋觀者如堵牆易曰射隼射雉詩曰決拾既佽弓矢既調角弓其觩束矢其搜敦弓既堅四鍭既鈞舍矢既均序賓以賢書曰若射之有志子曰射不主皮為力不同科射有似乎君子失諸正鵠反求諸其身周禮以射法治射儀然則古聖經書射以垂訓歷

歷可監習射上功實興擇士況我國家立德立功振

興要務自當嚴加訓練多方教諭不可一刻鬆懈也

訓曰射御居六藝之中二者相資為用古人御車雖見

於經史然其法不可得而詳而我朝滿洲騎射其功

用有不可勝言者蓋騎射之道必自幼習成者方得

精熟未有不善於馭馬而能精於騎射者也抑且乘

騎不憚方克善馭如我朝滿洲並外藩諸蒙古以及

索倫達呼里等俱嫻於騎射者蓋因自幼乘馬十餘

歳即能馳騁故爾馬上純熟善於控馭也當獮狩之時獵騎雲屯風生電發其中精於騎射者人馬相得上下如飛磬控追禽發矢必獲觀之令人心目俱爽誠所謂不失其馳舍矢如破也夫善馭馬者之逐獸也馳驅應範遠近合宜即馬之調習者亦知人意之所向獸遠而就之使近獸合而開之如法恰當發矢之時另有一番努力之狀是惟良驥為然也復有人精於馭馬者不擇優劣乘之惟見其佳益人能顯馬

而馬亦能顯人也

訓曰朕自幼登極迄今六十餘年偶遇地震水旱必深自儆省故災變即時消滅大凡天變災異不必驚惶失措惟反躬自省懺悔改過自然轉禍為福書云惠迪吉從逆凶惟影響固理之必然也

訓曰孟子云大人者不失其赤子之心者也赤子之心者乃人生之真性即上古之淳樸處也我朝滿洲制度亦然滿洲故制看來雖似鄙陋其一種真誠處又

豈易得者哉我等讀書宜達書中之理窮究古人立言之意也

訓曰凡人有訓人治人之職者必身先之可也大學有云君子有諸己而后求諸人無諸己而后非諸人特為身先而言也

訓曰天下事固有一定之理然有一等事如此似乎可行又有不可行之處有一等事如此似乎不可行又有可行之處若此等事在以義理揆之決不可豫定

一必如此必不如此之心是故孔子云君子之於天下也無適也無莫也義之與比

訓曰凡人讀書或學藝每自謂不能者乃自誤其身也中庸有云有弗學學之弗能弗措也人一能之己百之人十能之己千之果能此道矣雖愚必明雖柔必强實為學最有益之言也

訓曰人於好惡之心難得其正我所喜之人惟見其善而不見其惡若所惡之人惟見其惡而不見其善是

故大學有云好而知其惡惡而知其美者天下鮮矣

誠至言也

訓曰孟子云持其志無暴其氣人欲養身亦不出此兩

言何也誠能無暴其氣則氣自然平和能持其志則

心志不為外物所搖自然安定養身之道猶有過於

此者乎

訓曰人之一生多由習氣而成蓋自孩提以至十餘歲

此數年間渾然天理知識未判一習學業則有近硃

近墨之分及至成人士農工商各隨其習習以成風雖父兄之於子弟亦不能令其習好同也故孔子曰性相近也習相遠也有必然者

訓曰程子云有實則有名名實一物也若夫好名者則徇名為虛矣如君子疾沒世而名不稱謂無善可稱耳非徇名也看來有一等好名之人惟名是務不著一毫誠實之處只管行去不惟無分毫之實究至於名亦不能保程子此言可謂力行之要道也

訓曰程子云所謂利者不獨財利之利凡有利心便不可如作一事但尋自巳穩便處皆利心也聖人以義為利義安處便是利凡人惟棄利巳之心以求義之所安則為忠臣者亦此道為孝子者亦此道人人皆當以此語為至教而奉行之也

訓曰荀子云身勞而心安者為之利少而義多者為之此二語簡而要人之一世能依此二語行之過差何由而生

訓曰朱子云人作不好底事心却不安此是良心但被私欲蔽錮雖有端倪無力爭得出須是著力與他戰不可輸與他知得此事不好立定脚跟硬地行從好路去待得熟時私欲自住不得此一節語乃人立心之最要處良心能勝私欲為聖為賢皆此路也欲立身心者當詳究斯言

訓曰朱子云讀書之法當循序而有常致一而不懈從容乎句讀文義之間而體驗乎操存踐履之實然後

心靜理明漸見意味不然則雖廣求博取日誦五車亦奚益於學哉此言乃讀書之至要也人之讀書本欲存諸心體諸身而求實得於已也如不然將書汎然讀之何用凡讀書人皆宜奉此以為訓也

訓曰朱子云讀書須讀到不忍舍處方是得書真味若讀之數過畧曉其義即厭之欲別求書者則是於此一卷書猶未得趣也此言極是朕自幼亦嘗發憤讀書看書當其讀某一經之時固講論而切記之年來

翻閱其中復有宜詳解者朱子斯言凡讀書者皆宜
知之
訓曰凡人進德修業事事從讀書起多讀書則嗜慾澹
嗜慾澹則費用省費用省則營求少營求少則立品
高讀書之法以經為主苟經術深邃然後觀史觀史
則能知人之賢愚遇事得失亦易明了故凡事可論
貴賤老少惟讀書不問貴賤老少讀書一卷則有一
卷之益讀書一日則有一日之益此夫子所以發憤

忘食學如不及也

訓曰從來有生知有學知有困知及其成功則一未有下學既久而不可以上達者但功夫不可躐等而進尤不可半塗而廢書云為山九仞功虧一簣正為半塗而廢者惜也

訓曰為學之功不在日用之外檢身則謹言慎行居家則事親敬長窮理則讀書講義至近至易即今便可用力至急至切即今便當用力用一日之力便有一

日之效至有所疑尋人問難則長進通達自不可量若即今全不用力蹉過少壯時光即使他日得聖賢而師之亦未必能有益也

訓曰人在幼稚精神專一通利長成以後則思慮散逸外馳是故應須早學勿失機會朕七八歲所讀之經書至今五六十年猶不遺忘至於二十以外所讀經書數月不溫即至荒踈矣然人或有幼年遭逢坎壈失於早學則於盛年尤當勵志蓋幼而學者如日出

之光壯而學者如炳燭之光雖學之遲者亦猶賢乎始終不學者也

訓曰為學之功有三等焉汲汲然者上也悠悠然者次也懵懵然者又其次也然懵懵然者非不好學心未達也誘而達之安知懵懵者之不為汲汲也惟悠悠者最為害道因循苟且一暴十寒以至皓首沒世亦猶夫人而已古之聖人進修貴勇如湯之盤銘曰苟日新日日新又日新夫豈有瞬息悠悠之意哉孔子

曰有能一日用其力於仁矣乎益深憫學者之悠悠而冀其奮然用力也學而能日新則緝熙不已造次無忘舊習漸漸而消至趣循循而入欲罷不能莫知所以然而然故詩人美湯曰聖敬日躋也

訓曰先儒有言窮理非一端所得非一處或在讀書上得之或在講論上得之或在思慮上得之或在行事上得之讀書得之雖多講論得之尤速思慮得之最深行事得之最實此語極為切當有志於格物致知

之學者其宜知之

訓曰春至時和百花尚鋪一段錦繡好鳥且囀無數佳音況乎為人在世幸遇昇平安居樂業自當立一番好言行一番好事使無媿於今生方為從化之良民而無憾於盛世矣朕深望之

訓曰天下未有過不去之事忍耐一時便覺無事即如鄉黨鄰里間每以雞犬等類些微之事致起訟端經官告理或因一語戲謔以致角口爭鬬此皆不能忍

則亂大謀聖人之言至理存焉

訓曰古人云盡人事以聽天命至哉是言乎益人事盡而天理見猶治農業者耕墾宜常勤而豐歉所不可必也不盡人事者舍其田而弗芸者也不安於靜聽者是揠苗而助之長者也孔子進以禮退以義所以盡人事也得之不得曰有命是聽天命也

訓曰子曰吾非斯人之徒與而誰與人生斯世自少而壯壯而老孰能一日不與斯世斯人相周旋即是故

應之得其道我與世相安應之不得其道則世與我相違莊子曰人能虛已以遊世其孰能害之此言善矣

訓曰學以養心亦所以養身蓋雜念不起則靈府清明毋使汝思慮營營蓋寡思慮所以養神寡嗜慾所以養精寡言語所以養氣知守此可以養生是故形者生之器也心者形之主也神者心之會也神静而心和心和而形全恬静養神則自安於内清虛棲心則

不誘於外神靜心清則形無所累矣

訓曰勸戒之詞古今名論疊疊書記中無處不有其殷勤痛切反覆丁寧要之欲人聽信遵行而已夫千百年以下之人與千百年以上之人何所關切而諄諄訓戒若此若欲一句名言提醒千百年以下之人使知前車之覆而為後車之戒也後學讀聖賢書看古人如此血誠教人念頭豈可草草畧過是故朕常教人看古人書須念作者苦心甚勿負前人接引後學

之至意也

總校官候補知府臣葉佩蓀
校對官郎中臣張慎和
謄錄監生臣康仁馨

圖書在版編目（CIP）數據

歷代家訓經典 ： 全五册 / (北齊) 顔之推等撰 ；
(明) 溫璜編. -- 瀋陽 ： 萬卷出版有限責任公司, 2025.
5. -- ISBN 978-7-5470-6783-3

Ⅰ. B823.1

中國國家版本館CIP數據核字第2025DQ5159號

出版發行：萬卷出版有限責任公司
（地址：沈陽市和平區十一緯路29號　郵編：110003）
印 刷 者：三河市騰飛印務有限公司
經 銷 者：全國新華書店
幅面尺寸：175 mm × 270 mm
字　　數：236千字
印　　張：87.5
出版時間：2025年5月第1版
印刷時間：2025年5月第1次印刷
責任編輯：高　爽
責任校對：鄭雲英
裝幀設計：李保忠
ISBN 978-7-5470-6783-3
定　　價：388.00元（全五册）
聯繫電話：024-23284090
傳　　真：024-23284448
